中等职业学校工业和
信息化精品系列教材

Animate
二维动画设计与应用

项目式全彩微课版

主编：赵丽英 邓晓宁

副主编：张慧芬

人民邮电出版社

北 京

图书在版编目（ＣＩＰ）数据

Animate二维动画设计与应用 ：项目式全彩微课版 /
赵丽英，邓晓宁主编. -- 北京 ：人民邮电出版社，
2022.7
中等职业学校工业和信息化精品系列教材
ISBN 978-7-115-59176-0

Ⅰ．①A… Ⅱ．①赵… ②邓… Ⅲ．①超文本标记语言
－程序设计－中等专业学校－教材 Ⅳ．①TP312.8

中国版本图书馆CIP数据核字(2022)第065363号

内 容 提 要

本书全面、系统地介绍 Animate CC 2019 的基本操作方法和网页动画的制作技巧，具体内容包括动漫制作基础、软件制作基础、插画设计、标志设计、广告设计、社交媒体动图设计、节目片头设计、网页设计、动态海报设计和综合设计实训等。

本书先对动画制作和设计的基础进行讲解，使学生了解动画制作和设计的相关概念、要素、分类和设计原则等内容；再以案例为主线，引导学生理解并掌握设计的构思过程和主导思想、相关软件功能，帮助学生快速熟悉图像的设计和制作过程，拓展学生的实际应用能力，强化学生的软件使用技巧。最后一个项目精心安排 5 个商业设计精彩实例可以帮助学生快速掌握商业案例的设计理念和制作方法，顺利达到实战水平。

本书可作为职业学校数字艺术类专业平面设计课程的教材，也可供相关人员学习和参考。

◆ 主　　编　赵丽英　邓晓宁
　　副 主 编　张慧芬
　　责任编辑　王亚娜
　　责任印制　王　郁　焦志炜
◆ 人民邮电出版社出版发行　　北京市丰台区成寿寺路 11 号
　　邮编　100164　电子邮件　315@ptpress.com.cn
　　网址　https://www.ptpress.com.cn
　　北京尚唐印刷包装有限公司印刷
◆ 开本：889×1194　1/16
　　印张：13.25　　　　　　　　2022 年 7 月第 1 版
　　字数：280 千字　　　　　　 2022 年 7 月北京第 1 次印刷

定价：59.80 元

读者服务热线：(010)81055256　印装质量热线：(010)81055316
反盗版热线：(010)81055315
广告经营许可证：京东市监广登字 20170147 号

前 言

PREFACE

Animate 是 Adobe 公司开发的网页动画制作软件，它功能强大、易学易用，深受网页制作者和动画设计人员的喜爱。本书根据"中等职业学校专业教学标准"要求编写，作者来自教学一线，职教经验丰富。本书以明确专业课程标准，以强化专业技能为目标安排教材内容；根据岗位技能要求，引入企业真实案例，进行项目式教学，力求提高中等职业学校专业技能课的教学质量。

本书在内容编写方面，力求细致全面、重点突出；在文字叙述方面，注意言简意赅、通俗易懂；在案例选取方面，强调案例的针对性和实用性。

本书提供书中所有案例的素材及效果文件。另外，为方便教师教学。本书还配备了微课视频、PPT 课件、教学大纲、教学教案等丰富的教学资源，教师可登录人邮教育社区（www.ryjiaoyu.com）免费下载。本书的参考学时为 60 学时，各项目的参考学时参见学时分配表。

项目	课程内容	学时分配
项目 1	发现动漫中的美——动漫制作基础	2
项目 2	熟悉设计工具——软件制作基础	4
项目 3	制作生动图画——插画设计	6
项目 4	制作品牌标志——标志设计	6
项目 5	制作网络广告——广告设计	8
项目 6	制作新媒体动图——社交媒体动图设计	8
项目 7	制作节目包装——节目片头设计	6
项目 8	制作精美网页——网页设计	6

前 言
PREFACE

续表

项目	课程内容	学时分配
项目 9	制作宣传广告——动态海报设计	6
项目 10	掌握商业应用——综合设计实训	8
学时总计		60

由于编者水平有限，书中难免存在疏漏和不足之处，敬请广大读者批评指正。

编者

2022 年 2 月

目 录
CONTENTS

目 录

CONTENTS

目 录

CONTENTS

目 录
CONTENTS

项目1

发现动漫中的美
——动漫制作基础

　　随着网络信息技术与数码影像技术的不断提升，动漫制作的技术与审美也相应在提升和变化，从事动漫制作工作的相关人员需要系统地学习动漫制作的应用技术与技巧。本项目对动漫制作的相关应用及工作流程进行系统讲解。通过本项目的学习，读者可以对动漫制作有一个全面的认识，高效地进行动漫制作工作。

学习引导

知识目标

- 了解动漫制作的应用领域；
- 明确动漫制作的工作流程。

能力目标

- 掌握动漫作品图片的搜集方法；
- 掌握动漫制作素材的搜集方法。

素养目标

- 培养对动漫制作的兴趣。

相关知识：动漫中的美学

在我们的生活中，随处可见优秀的动漫作品，如图1-1所示。这些动漫作品不仅画面精致，而且情节精彩，能让人在观赏过程中产生共鸣。

图1-1

任务1.1　了解动漫制作的应用领域

1.1.1　任务引入

本任务要求读者首先了解动漫制作的应用领域；然后通过在相关网站中查找并观看国产经典动画影片，提高动画鉴赏水平。

1.1.2　任务知识：动漫制作的应用领域

1　动画影片

运用动漫制作的动画作品内容丰富、创造性强、趣味生动。很多家喻户晓的动画影片都应用了动漫制作，如图1-2所示。

图1-2

2 广告设计

网络广告以其覆盖面广、方式灵活、互动性强等特点，在传播方面有着非常大的优势，因此得到了广泛应用。动画广告的应用样式丰富，包括弹出式广告、告示牌广告、全屏广告、横幅广告等，如图1-3所示。

图1-3

3 网站设计

为了增加网站的动态效果和交互效果，增强视觉表现力，可以运用动漫进行设计制作，包括制作引导页、为Logo和Banner添加动画效果、制作网页等，如图1-4所示。

图1-4

4 教学设计

随着教育信息化的不断发展，动漫在教学设计中得到了广泛的应用。运用动漫制作技术可以设计制作标准动画，也可以制作交互式课件，作品体积小、表现生动、交互性强，如图1-5所示。

图1-5

5 游戏设计

运用动漫设计制作的游戏种类丰富、风格新颖、体积较小、互动性强且操作便捷，主要包括益智类、设计类、棋牌类、休闲类等类别的游戏，如图1-6所示。

图1-6

1.1.3 任务实施

（1）打开爱奇艺官网，在搜索框中输入关键词"国产动画"，如图1-7所示，按Enter键，进入搜索页面，如图1-8所示。

图1-7

图1-8

（2）选择"筛选"中的"童年"选项，如图1-9所示。

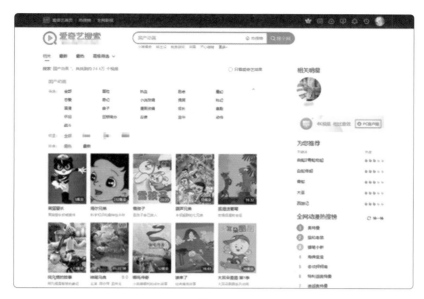

图1-9

（3）滑动页面，单击"国产动画"链接，如图1-10所示，跳转到专题页面并进行观看，如图1-11所示。

图1-10

图1-11

任务 1.2   明确动漫制作的工作流程

1.2.1   任务引入

本任务要求读者首先了解动漫制作的工作流程；然后通过在相关网站中搜集益智游戏的动漫素材，积累素材，开阔眼界。

1.2.2   任务知识：动漫制作的工作流程

动漫制作的工作流程有文案策划、脚本设计、视觉设计、动画制作、画面配音、剪辑导出六大步骤，如图 1-12 所示。

（a）文案策划

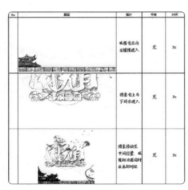

（b）脚本设计

（c）视觉设计

（d）动画制作

（e）画面配音

（f）剪辑导出

图 1-12

1.2.3   任务实施

（1）打开花瓣网官网，单击右上角的"登录 / 注册"按钮，如图 1-13 所示，在弹出的对话框中选择登录方式并登录，如图 1-14 所示。

图 1-13　　　　　　　　　　　　　　　　　　　图 1-14

（2）在搜索框中输入关键词"益智游戏"，如图 1-15 所示，按 Enter 键，进入搜索页面。

图 1-15

（3）单击页面左上角的"画板"选项卡，如图 1-16 所示。

图 1-16

（4）单击需要采集的画板，在跳转的页面中选择需要的图片，单击"采集"按钮，如图 1-17 所示。在弹出的对话框中输入名称，选择下方的"创建画板'游戏设计'"按钮，新建画板。单击"游戏设计"右侧的"采下来"按钮，将需要的图片采集到画板中，如图 1-18 所示。

图 1-17　　　　　　　　　　　　　　　　　　图 1-18

项目2

熟悉设计工具
——软件制作基础

02

本项目将详细介绍Animate CC 2019的基础知识和基本操作。通过本项目的学习，读者将对Animate CC 2019有初步的认识和了解，并能够掌握软件的基本操作方法和应用技巧，为以后的学习打下坚实的基础。

学习引导

知识目标
- 熟悉 Animate CC 2019 的操作界面；
- 掌握设置文件的基本方法。

能力目标
- 熟练掌握 Animate CC 2019 的操作界面；
- 熟练掌握设置文件的基本方法。

素养目标
- 提高对软件基本操作的熟悉度。

相关知识：了解设计工具

　　目前在动漫制作工作中，经常使用的软件有 Animate、Photoshop 和 After Effects，这 3 款软件每一款都有鲜明的功能特色。要想根据创意制作出完美的动漫设计作品，就需要熟练使用这 3 款软件，并能很好地利用不同软件的优势，将其巧妙地结合使用。

1 Animate

　　Animate 是 Adobe 公司开发的网页动画制作软件。它功能强大，易学易用，深受网页制作者和动画设计人员的喜爱。其启动界面如图 2-1 所示。

2 Photoshop

　　Photoshop 是 Adobe 公司出品的功能非常强大的图形图像处理软件。它是集编辑修饰、制作处理、创意编排、图像输入与输出于一体的图形图像处理软件，深受平面设计人员、计算机艺术和摄影爱好者的喜爱。其启动界面如图 2-2 所示。

图 2-1

图 2-2

3 After Effects

　　After Effects 是 Adobe 公司开发的影视后期制作软件。它功能强大，易学易用，深受广大影视制作爱好者和影视后期设计师的喜爱。其启动界面如图 2-3 所示。

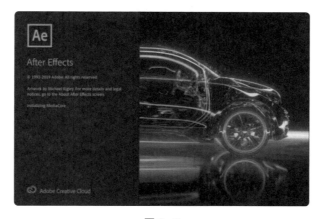
图 2-3

任务 2.1　操作界面

2.1.1　任务引入

本任务要求读者首先熟悉 Animate CC 2019 的操作界面及基础操作；然后通过打开文件和导入文件熟悉菜单栏的操作，通过选取图形和改变图形的大小熟悉工具箱中工具的使用方法，通过改变图形的颜色熟悉控制面板的使用方法。

2.1.2　任务知识：Animate CC 2019 的操作界面及基础操作

1　操作界面

Animate CC 2019 的操作界面由菜单栏、工具箱、"时间轴"面板、场景和舞台、"属性"面板及浮动面板等组成，如图 2-4 所示。下面将一一进行介绍。

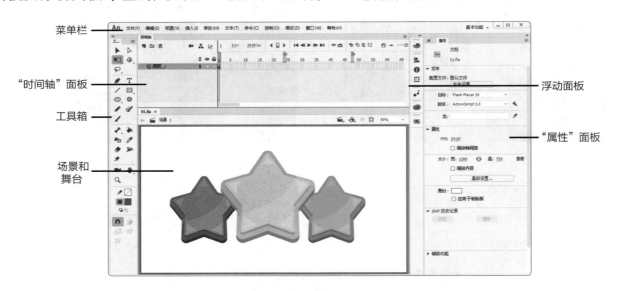

图 2-4

2　菜单栏

Animate CC 2019 的菜单栏包含"文件"菜单、"编辑"菜单、"视图"菜单、"插入"菜单、"修改"菜单、"文本"菜单、"命令"菜单、"控制"菜单、"调试"菜单、"窗口"菜单及"帮助"菜单，如图 2-5 所示。

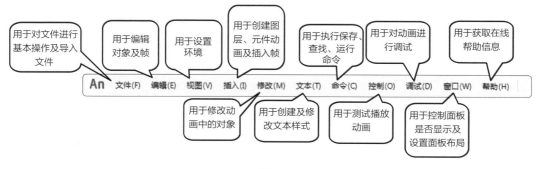

图 2-5

③ 工具箱

工具箱提供了绘制和编辑图形的各种工具，分为"工具""查看""颜色""选项"4个功能区，如图 2-6 所示。选择"窗口＞工具"命令，或按 Ctrl+F2 组合键，可以调出工具箱。

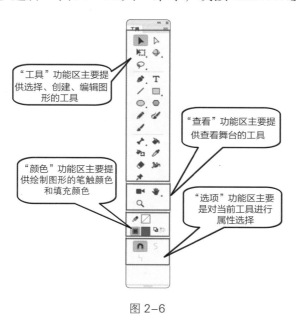

图 2-6

④ "时间轴"面板

"时间轴"面板用于组织和控制文件内容在一定时间内的播放。按照功能的不同，"时间轴"面板分为左右两个区域，分别为图层控制区、时间线控制区，如图 2-7 所示。"时间轴"面板涉及的主要组件是图层、帧和播放头。

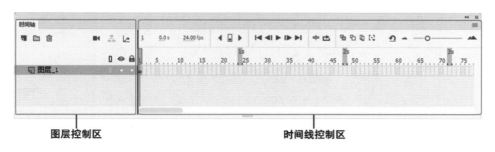

图 2-7

◎ 图层控制区

图层控制区位于"时间轴"面板的左侧。图层就像堆叠在一起的多张幻灯胶片一样，每个图层都包含一个显示在舞台中的不同图像。图层控制区可以显示舞台上正在编辑的作品的所有图层的名称、类型、状态，并可以通过工具按钮对图层进行操作。

◎ 时间线控制区

时间线控制区位于"时间轴"面板的右侧，由帧、播放头、信息栏及多个按钮组成。与胶片一样，Animate文件也将时间长度分为多个层，每个层中包含的帧都会显示在该层的右侧。时间轴顶部的时间轴标题指示帧编号，播放头指示舞台中当前显示的帧，信息栏显示当前帧编号、动画播放速率及到当前帧为止的运行时间等信息。

5 场景和舞台

场景是所有动画元素的最大活动空间，如图 2-8 所示。像多幕剧一样，场景可以不止一个。要查看特定场景，可以选择"视图 > 转到"命令，再从其子菜单中选择相应的场景。

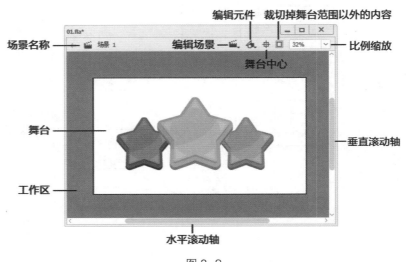

图 2-8

场景也就是常说的舞台，是编辑和播放动画的矩形区域。在舞台上可以放置和编辑矢量插图、文本框、按钮、导入的位图图形、视频等对象。在舞台中可以对对象的大小、颜色等进行设置。

6 "属性"面板

对于正在使用的工具或资源，通过"属性"面板可以很容易地查看和更改它们的属性，从而简化文件的创建过程。当选定单个对象时，如文本、组件、形状、位图、视频、组、帧等，"属性"面板会显示相应的信息和设置，如图 2-9 所示。当选定两个或多个不同类型的对象时，"属性"面板会显示为"混合"，如图 2-10所示。

图 2-9

7　浮动面板

使用浮动面板可以查看、组合和更改资源。由于屏幕的大小有限，为了尽量使工作区最大化，Animate CC 2019 提供了许多种自定义工作区的方式，例如，可以通过"窗口"菜单显示、隐藏面板，还可以通过拖曳鼠标指针来调整面板的大小及重新组合面板，如图 2-11 和图 2-12 所示。

图 2-10

图 2-11

图 2-12

2.1.3　任务实施

（1）打开 Animate CC 2019，选择"文件 > 打开"命令，弹出"打开"对话框。选择云盘中的"Ch02> 效果 > 绘制美丽风景动画"文件，单击"打开"按钮打开文件，如图 2-13 所示。

（2）单击"时间轴"面板中的"新建图层"按钮，创建新图层并将其重命名为"汽车"，如图 2-14 所示。选择"文件 > 导入 > 导入到舞台"命令，弹出"导入"对话框。选择云盘中的"Ch02> 素材 > 绘制美丽风景动画 >02"文件，单击"打开"按钮，汽车图形被导入舞台中。

图 2-13

（3）选择左侧工具箱中的"任意变形"工具，选中汽车图形，拖曳控制点，改变汽车图形的大小。选择"选择"工具，拖曳汽车图形到适当的位置，效果如图 2-15 所示。多次按 Ctrl+B 组合键将汽车图形分离，效果如图 2-16 所示。

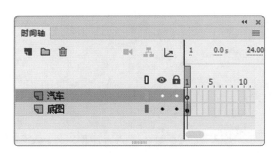

图 2-14

图 2-15

图 2-16

（4）在舞台中的空白处单击，取消对图形的选择。选择汽车图形的前挡风玻璃，按 Ctrl+Shift+F9 组合键，调出"颜色"面板，输入新的颜色值（#B2D143），如图 2-17 所示。汽车前挡风玻璃的颜色发生变化，在舞台的空白处单击，效果如图 2-18 所示。

（5）按 Ctrl+S 组合键保存文件。

图 2-17

图 2-18

任务 2.2　文件设置

2.2.1　任务引入

本任务要求读者首先了解如何新建、保存、打开和输出文件；然后通过打开效果文件熟练掌握打开命令，通过新建文件熟练掌握新建命令，通过关闭新建的文件熟练掌握保存和关闭命令。

2.2.2　任务知识：新建、保存、打开和输出文件

1　新建文件

新建文件是使用 Animate CC 2019 进行设计的第一步。

在 Animate CC 2019 中，没有打开任何文件时，必须通过欢迎页进行创建，欢迎页如图 2-19 所示。在欢迎页的中上方选择要创建的文件的类型，在"预设"栏选择需要的预设，也可以在"详细信息"栏自定义设置文件的尺寸、单位和平台类型，设置好之后单击"创建"按钮，即可创建一个新文件，如图 2-20 所示。

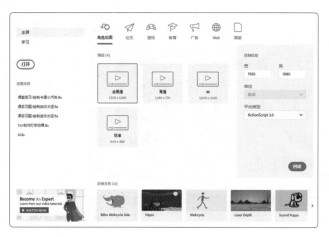

图 2-19

当有打开文件时，创建新文件可通过"文件"菜单进行。选择"文件 > 新建"命令，或按 Ctrl+N 组合键，弹出"新建文档"对话框，如图 2-21 所示，在对话框中进行设置，设置好之后单击"创建"按钮，创建一个新文件。

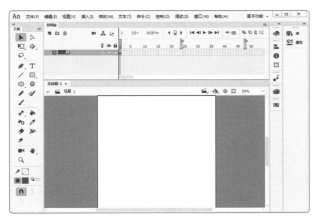

图 2-20　　　　　　　　　　　　　　　　　　　　图 2-21

② 保存文件

编辑和制作完动画后，需要对动画文件进行保存。

通过"文件 > 保存"/"另存为"等命令可以将文件保存在磁盘上，如图 2-22 所示。当设计好作品进行第一次保存时，选择"保存"命令，或按 Ctrl+S 组合键，会弹出"另存为"对话框，如图 2-23 所示。在对话框中，输入文件名，选择保存类型，单击"保存"按钮，保存动画文件。

图 2-22　　　　　　　　　　　　　　　　　　　　图 2-23

提示

当对已经保存过的动画文件进行各种编辑操作后，选择"保存"命令，将不弹出"另存为"对话框，计算机会直接保留最终确认的结果，并覆盖原始文件。因此，在未确定要放弃原始文件之前，应慎用此命令。

若既要保留修改过的文件，又不想放弃原始文件，可以选择"文件 > 另存为"命令，或按 Ctrl+Shift+S 组合键，弹出"另存为"对话框。在对话框中，可以为修改过的文件重新命名、设置存储路径、设定保存类型，然后进行保存，这样原始文件就会保留不变。

③ 打开文件

如果要修改已制作完成的动画文件，就必须先将其打开。

选择"文件 > 打开"命令，弹出"打开"对话框，在对话框中搜索路径和文件，确认文件类型和名称，如图 2-24 所示。然后单击"打开"按钮，或直接双击文件，打开指定的动画文件，如图 2-25 所示。

图 2-24

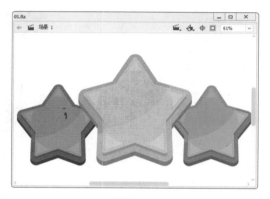

图 2-25

提示　　在"打开"对话框中，也可以同时打开多个文件。只要在文件列表中选中需要打开的几个文件，并单击"打开"按钮，系统就将逐个打开这些文件，以免反复调用"打开"对话框。在"打开"对话框中，在按住 Ctrl 键的同时单击，可以选择不连续的文件；在按住 Shift 键的同时单击，可以选择连续的文件。

④ 输出文件

Animate CC 2019 可以输出多种格式的动画或图形文件，一般包含以下几种常用类型。

◎ SWF 影片

SWF 动画是浏览网页时常见的动画，其扩展名为 swf，它具有动画、声音效果和交互功能，需要在浏览器中安装 Flash 播放器插件才能观看。

将整个文件导出为具有动画效果和交互功能的 Flash SWF 文件，以便将 Animate 内容导入其他应用程序中，如导入 Dreamweaver 中。

选择"文件 > 导出 > 导出影片"命令，弹出"导出影片"对话框，在"文件名"文本框中输入要导出动画的名称，在"保存类型"下拉列表框中选择"SWF 影片（*.swf）"选项，如图 2-26 所示，单击"保存"按钮。

图 2-26

提示　　在以 SWF 格式导出 Animate 文件时，文件中的文字以 Unicode 格式进行编码。Unicode 是一种文字信息的通用字符集编码标准，它是一种 16 位编码格式。也就是说，Animate 文件中的文字使用双位元组字符集进行编码。

◎ JPEG 序列

可以将 Animate 文件中当前帧上的对象导出成 JPEG 位图文件。JPEG 格式的图像为高压缩比的 24 位位图。JPEG 格式适合包含连续色调（如照片、渐变色或嵌入位图）的图像。

选择"文件 > 导出 > 导出影片"命令，弹出"导出影片"对话框，在"文件名"文本框中输入要导出的序列文件的名称，在"保存类型"下拉列表框中选择"JPEG 序列 (*.jpg；*.jpeg)"选项，如图 2-27 所示，单击"保存"按钮，弹出"导出 JPEG"对话框，如图 2-28 所示。

图 2-27

◎ GIF 序列

网页中常见的动态图标大部分是 GIF 格式的。GIF 序列文件是由多个连续的 GIF 图像组成的。在 Animate 动画时间轴上的每一帧都会变为 GIF 动画中的一张图片。GIF 动画不支持声音效果和交互功能，其文件体积比含声音效果的 SWF 动画文件大。

图 2-28

选择"文件 > 导出 > 导出影片"命令，弹出"导出影片"对话框，在"文件名"文本框中输入要导出的序列文件的名称，在"保存类型"下拉列表框中选择"GIF 序列 (*.gif)"选项，如图 2-29 所示，单击"保存"按钮，弹出"导出 GIF"对话框，如图 2-30 所示。

图 2-29

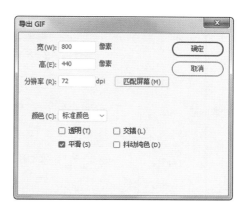

图 2-30

◎ PNG 序列

PNG 文件格式是一种可以跨平台支持透明度的图像格式。选择"文件 > 导出 > 导出影片"命令，弹出"导出影片"对话框，在"文件名"文本框中输入要导出的序列文件的名称，在"保存类型"下拉列表框中选择"PNG 序列 (*.png)"选项，如图 2-31 所示，单击"保存"按钮，弹出"导出 PNG"对话框，如图 2-32 所示。

图 2-31

图 2-32

2.2.3　任务实施

（1）打开 Animate CC 2019 软件，选择"文件 > 打开"命令，弹出"打开"对话框，如图 2-33 所示。选择云盘中的"Ch02> 素材 >2.2 绘制引导页中的汉堡 >01"文件，单击"打开"按钮，打开文件，如图 2-34 所示。

图 2-33

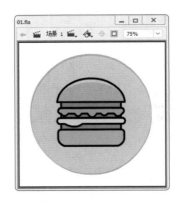

图 2-34

（2）按 Ctrl+A 组合键全选图形，如图 2-35 所示。按 Ctrl+C 组合键复制图形。选择"文件 > 新建"命令，在弹出的"新建文档"对话框中进行设置，如图 2-36 所示，单击"确定"按钮，新建一个空白文件。

（3）按 Ctrl+V 组合键把图形粘贴到新建的空白文件中，并将其拖曳到适当的位置，如图 2-37 所示。选择"文件 > 保存"命令，弹出"另存为"对话框，在"文件名"文本框中输入文件的名称，如图 2-38 所示，单击"保存"按钮，保存文件。

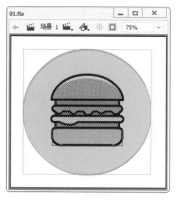

图 2-35

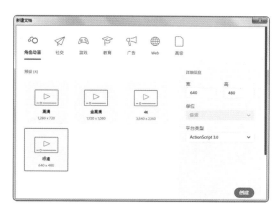

图 2-36

图 2-37

图 2-38

（4）选择"文件 > 导出 > 导出影片"命令，弹出"导出影片"对话框，在"文件名"文本框中输入新的名称，在"保存类型"下拉列表框中选择"SWF 影片 (*.swf)"选项，如图 2-39 所示，单击"保存"按钮，完成影片的导出。

（5）单击舞台右上角的按钮 ，弹出提示对话框，如图 2-40 所示，单击"否"按钮，关闭舞台窗口。再次单击舞台右上角的按钮 ，关闭打开的"01"文件。单击软件界面中菜单栏右侧的"关闭"按钮 × ，关闭软件。

图 2-39

图 2-40

项目3
制作生动图画
——插画设计

　　随着信息化时代的到来，插画设计作为传达视觉信息的重要手段之一，已经广泛应用到现代艺术设计领域。由于计算机软件技术的发展，插画的设计更加趋于多样化，并随着现代艺术思潮的发展而不断创新。通过本项目的学习，读者可以掌握插画的多种绘制方法和制作技巧。

学习引导

知识目标
- 了解插画的概念、应用领域及分类；
- 掌握插画的设计原则。

能力目标
- 熟悉插画的绘制思路和过程；
- 掌握插画的绘制方法和技巧。

素养目标
- 培养对插画的设计创作能力；
- 培养对插画的审美与鉴赏能力。

实训任务
- 绘制引导页中的插画；
- 绘制风景插画。

相关知识：插画设计基础

① 插画的概念

插画以宣传主题内容为目的，通过将主题内容进行视觉化的图画效果表现，营造出主题突出明确、感染力强的艺术视觉效果。在海报、广告、杂志、说明书、书籍、包装等的设计中，凡是用来"宣传主题内容"的图画都可以称为插画，如图3-1所示。

图 3-1

② 插画的应用领域

插画被广泛应用于现代艺术设计的多个领域，包括互联网、媒体、出版、文化艺术、广告展览、公共事业，如图3-2所示。

图 3-2

③ 插画的分类

插画的种类繁多，可以分为出版物插图、商业宣传插画、卡通吉祥物插图、影视与游戏美术设计插画、艺术创作类插画，如图3-3所示。

图 3-3

任务 3.1　绘制引导页中的插画

绘制引导页中
的插画

3.1.1　任务引入

侃侃是一款高质量的社交应用，代表了年轻人随性洒脱的生活态度。通过侃侃可以随时随地和朋友们交流分享新鲜事物和新潮游戏等。本任务要求读者首先认识常用工具；然后通过绘制引导页中的插画，掌握引导页中插画的绘制技巧与设计思路。

3.1.2　设计理念

通过绿色的背景图营造出清爽、干净、欢乐的氛围；游戏机的头像直接点明主题，让人一目了然；整个画面简洁、平和却又体现出了 App 的特点；色彩对比强烈，让人印象深刻。最终效果参看云盘中的"Ch03> 效果 >3.1- 绘制引导页中的插画"，如图 3-4 所示。

图 3-4

3.1.3　任务知识：常用工具

① 选择工具

选择选择工具 ▶，工具箱下方会出现图 3-5 所示的按钮，利用这些按钮可以完成以下操作。

◎ 选择对象

打开云盘中的"基础素材 >Ch03>01"文件。选择选择工具 ▶，在舞台中的对象上单击进行点选，如图 3-6 所示。按住 Shift 键，可以同时选中多个对象，如图 3-7 所示。在舞台中拖曳出一个矩形框选对象，如图 3-8 所示。

自动将舞台
上两个对象
定位到一起　柔化选择的
曲线条　锐化选择的
曲线条

图 3-5

◎ 移动和复制对象

选择选择工具 ▶，点选对象，如图 3-9 所示。按住鼠标左键，直接拖曳对象到任意位置，如图 3-10 所示，松开鼠标，选中的对象将被移动，效果如图 3-11 所示。

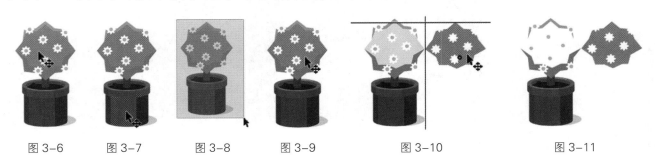

图 3-6　　　图 3-7　　　图 3-8　　　图 3-9　　　图 3-10　　　图 3-11

选择选择工具 ▶，点选对象，如图 3-12 所示，按住 Alt 键，拖曳选中的对象到任意位置，如图 3-13 所示，松开鼠标，选中的对象将被复制，如图 3-14 所示。

◎ 调整向量线条和色块

选择选择工具 ▶，将鼠标指针移至对象的边线上，鼠标指针下方出现圆弧，如图 3-15 所示。按住鼠标左键并拖曳鼠标指针到适当的位置，对线条和色块进行调整，如图 3-16 所示。

图 3-12   图 3-13   图 3-14   图 3-15   图 3-16

2 部分选取工具

打开云盘中的"基础素材 >Ch03>02"文件。选择部分选取工具 ▷，在对象的外边线上单击，对象上将出现多个控制点，如图 3-17 所示。拖曳控制点来调整控制点的位置，从而改变对象的形状，如图 3-18 所示。

图 3-17   图 3-18

提示

若想增加图形上的控制点，可选择钢笔工具 ✐在图形上单击。

使用部分选取工具 ▷在改变对象的形状时，鼠标指针会产生不同的变化，其表示的含义也不同。

● **带黑色方块的指针 ▶▪：**当把鼠标指针放置在控制点以外的线段上时，鼠标指针变为 ▶▪，如图 3-19 所示。这时，可以把对象移动到其他位置，如图 3-20 所示，松开鼠标，移动对象，效果如图 3-21 所示。

图 3-19   图 3-20   图 3-21

● **带白色方块的指针**：当把鼠标指针放置在控制点上时，鼠标指针变为 ，如图 3-22 所示。这时，可以移动单个控制点到其他位置，如图 3-23 所示，松开鼠标，移动控制点，如图 3-24 所示。

图 3-22　　　　　　　　　　图 3-23　　　　　　　　　　图 3-24

● **变为小箭头的指针**▶：当把鼠标指针放置在控制点调节手柄的尽头时，鼠标指针变为 ▶，如图 3-25 所示。这时，拖曳鼠标指针到适当的位置，如图 3-26 所示，松开鼠标，可以调节与该控制点相连的线段的弯曲度，效果图 3-27 所示。

图 3-25　　　　　　　　　　图 3-26　　　　　　　　　　图 3-27

提示

在调整控制点的手柄时，调整一个手柄，另一个相对的手柄也会随之发生变化。如果只想调整其中的一个手柄，按住 Alt 键，再进行调整即可。

可以将直线控制点转换为曲线控制点，并进行弯曲度的调节。选择部分选取工具 ▷，在对象的外边线上单击，对象上将显示出控制点，如图 3-28 所示。单击要转换的控制点，控制点从空心变为实心，表示可编辑，如图 3-29 所示。

按住 Alt 键，拖曳控制点到适当的位置，控制点上会出现两个调节手柄，如图 3-30 所示。用调节手柄可调节线段的弯曲度，如图 3-31 所示。

图 3-28　　　　　　图 3-29　　　　　　图 3-30　　　　　　图 3-31

❸ 线条工具

选择线条工具 ，按住鼠标左键并拖曳到需要的位置，绘制出一条直线，松开鼠标，直线效果如图 3-32 所示。可以在线条工具"属性"面板中设置笔触颜色、笔触大小、笔触样式和笔触宽度，如图 3-33 所示。

　　设置不同的线条属性后，绘制的线条如图 3-34 所示。

图 3-32　　　　　　　　图 3-33　　　　　　　　图 3-34

提示

　　选择线条工具 ✐ ，如果在按住 Shift 键的同时拖曳鼠标指针绘制，则只能在45°或45°的倍数的方向绘制直线，且无法为线条工具设置填充属性。

④ 宽度工具

　　使用宽度工具可以更改笔触的宽度，还可以将调整后的笔触保存为样式，以便应用于其他图形。

　　选择线条工具 ✐ ，在舞台中绘制一条线段，如图 3-35 所示。选择宽度工具 ✎，将鼠标指针放置在边线上，当鼠标指针变为 ▸₊ 时，如图 3-36 所示，按住鼠标左键并拖曳鼠标指针，更改笔触的宽度，如图 3-37 所示，松开鼠标，效果如图 3-38 所示。用相同的方法在其他位置更改笔触的宽度，效果如图 3-39 所示。

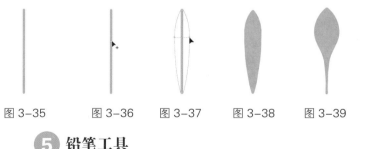

图 3-35　　图 3-36　　图 3-37　　图 3-38　　图 3-39

⑤ 铅笔工具

　　选择铅笔工具 ✐ ，按住鼠标左键，在舞台上随意绘制出线条，松开鼠标，线条效果如图 3-40 所示。如果想要绘制出平滑或伸直的线条和形状，可以在工具箱下方的选项区中为铅笔工具选择一种绘画模式，如图 3-41 所示。

图 3-40

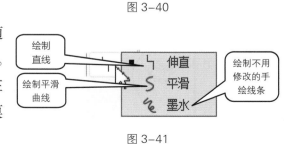

图 3-41

　　可以在铅笔工具"属性"面板中设置不同的笔触颜色、笔触粗细和笔触样式，如图 3-42 所示。设置不同的线条属性后，绘制的图形如图 3-43 所示。

　　单击"属性"面板"样式"选项右侧的"编辑笔触样式"按钮，弹出"笔触样式"对话框，如图 3-44 所示，在对话框中可以自定义笔触样式。

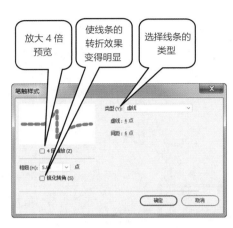

图 3-42　　　　　　　　　　图 3-43　　　　　　　　　　图 3-44

提示　　　　选择铅笔工具，在按住 Shift 键的同时拖曳鼠标指针绘制，可将线条限制在垂直或水平方向上。

⑥ 画笔工具

◎ 使用填充颜色绘制

　　选择画笔工具，按住鼠标左键并拖曳，在舞台上随意绘制出图形，松开鼠标，图形效果如图 3-45 所示。可以在画笔工具"属性"面板中设置填充颜色和笔触平滑度，如图 3-46 所示。

　　在画笔工具"属性"面板的"画笔选项"选项组中有"画笔形状"选项和"画笔大小"选项，这两个选项可以用来设置画笔的形状与大小。设置不同的画笔形状与大小后绘制的笔触效果如图 3-47 所示。

图 3-45　　　　　　　　　　图 3-46　　　　　　　　　　图 3-47

系统在工具箱的下方提供了 5 种模式的刷子，如图 3-48 所示。

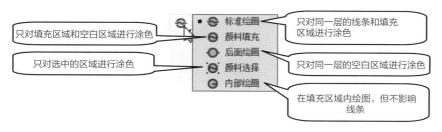

图 3-48

用不同模式的刷子绘制出的效果如图 3-49 所示。

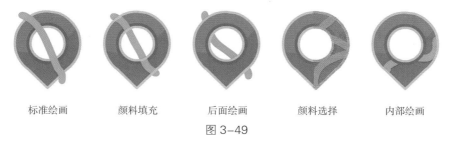

标准绘画　　　颜料填充　　　后面绘画　　　颜料选择　　　内部绘画

图 3-49

"锁定填充"按钮用于为画笔选择径向渐变色彩。当没有单击此按钮时，用画笔绘制的每根线条都有自己完整的渐变过程，线条与线条之间不会互相影响，如图 3-50 所示；当单击此按钮后，线条颜色的渐变过程会形成一个固定的区域，在这个区域内，刷子绘制到的地方，就会显示出相应的色彩，如图 3-51 所示。

图 3-50

图 3-51

在使用画笔工具涂色时，可以使用导入的位图作为填充图案。

将云盘中的"基础素材 >Ch03>04"文件导入"库"面板，如图 3-52 所示。选择"窗口 > 颜色"命令，弹出"颜色"面板，单击"填充颜色"按钮，在"颜色类型"下拉列表框中选择"位图填充"选项，用刚才导入的位图作为填充图案，如图 3-53 所示。选择画笔工具 ，在舞台上随意绘制一些笔触，效果如图 3-54 所示。

图 3-52

图 3-53

图 3-54

◎ 使用笔触颜色绘制

选择画笔工具 ，按住鼠标左键并拖曳，在舞台上随意绘制出图形，松开鼠标，图形效果如图 3-55 所示。可以在画笔工具"属性"面板中设置笔触颜色和笔触平滑度，如图 3-56 所示。
设置不同的颜色和平滑度后笔触效果如图 3-57 所示。

图 3-55　　　　　　　　　　图 3-56　　　　　　　　　　图 3-57

7　矩形工具

选择矩形工具□，在舞台上按住鼠标左键，并向需要的位置
拖曳，绘制出矩形，松开鼠标，矩形效果如图 3-58 所示。在按住
Shift 键的同时绘制图形，可以绘制出正方形，效果如图 3-59 所示。

图 3-58　　图 3-59

可以在矩形工具"属性"面板中设置笔触颜色、填充颜色、
笔触大小、笔触样式和笔触宽度，如图 3-60 所示。设置不同的边框属性和填充颜色后，绘
制的图形如图 3-61 所示。

可以用矩形工具绘制圆角矩形。选择"属性"面板，在"矩形边角半径"数值框中输入需
要的数值，如图 3-62 所示。输入的数值不同，绘制出的圆角矩形也不同，效果如图 3-63 所示。

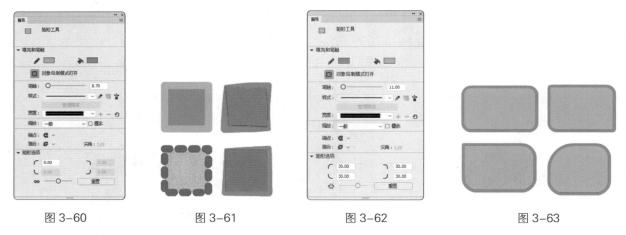

图 3-60　　　　　　　　图 3-61　　　　　　　　图 3-62　　　　　　　　图 3-63

8　椭圆工具

选择椭圆工具●，在舞台上按住鼠标左键，并向需要的位置拖曳，绘制出椭圆后松开
鼠标，图形效果如图 3-64 所示。在按住 Shift 键的同时绘制图形，可以绘制出圆形，效果如
图 3-65 所示。

可以在椭圆工具"属性"面板中设置笔触颜色、填充颜色、笔触大小、笔触样式和笔触宽度，如图 3-66 所示。设置不同的边框属性和填充颜色后，绘制的图形如图 3-67 所示。

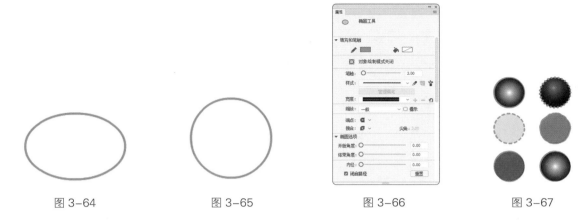

图 3-64   图 3-65   图 3-66   图 3-67

⑨ 多角星形工具

用多角星形工具可以绘制出不同样式的多边形和星形。选择多角星形工具 ⬡，在舞台上按住鼠标左键，并向需要的位置拖曳，绘制出多边形，松开鼠标，多边形效果如图 3-68 所示。

可以在多角星形工具"属性"面板中设置不同的边框颜色、边框粗细、边框线型和填充颜色，如图 3-69 所示。设置不同的边框属性和填充颜色后，绘制的图形如图 3-70 所示。

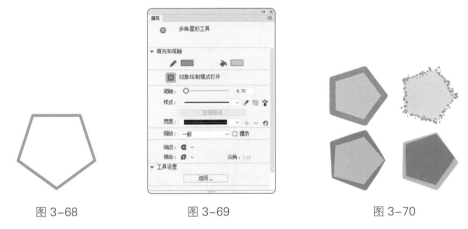

图 3-68   图 3-69   图 3-70

在多角星形工具"属性"面板中，单击"工具设置"选项组中的"选项"按钮，弹出"工具设置"对话框，如图 3-71 所示，在对话框中可以自定义多边形的各种属性。设置不同的数值后，绘制出的多边形和星形也相对不同，如图 3-72 所示。

图 3-71   图 3-72

⑩ 钢笔工具

选择钢笔工具 ✐，在舞台上想要绘制的曲线的起始位置单击，此时会出现第一个锚点，如图 3-73 所示。将鼠标指针放置在想要绘制的第二个锚点的位置，单击，绘制出一条直线段，如图 3-74 所示。如果在第二个锚点的位置按住鼠标左键并向其他方向拖曳，可将直线段转换为曲线段，如图 3-75 所示。松开鼠标，一条曲线段绘制完成，如图 3-76 所示。

图 3-73　　　　　　图 3-74　　　　　　图 3-75　　　　　　图 3-76

用相同的方法可以绘制出由多条曲线段组合而成的不同样式的曲线，如图 3-77 所示。

在绘制线段时，如果在按住 Shift 键的同时进行绘制，绘制出的线段的方向将被限制在倾斜 45° 的倍数的方向上，如图 3-78 所示。

使用钢笔工具 ✐ 在绘制线段时，鼠标指针会产生不同的变化，其表示的含义也不同。

● **增加控制点：** 当鼠标指针变为 ♣₊ 时，如图 3-79 所示，在线段上单击就会增加一个控制点，这样有助于更精确地调整线段。增加控制点后的效果如图 3-80 所示。

图 3-77　　　　　　图 3-78　　　　　　图 3-79　　　　　　图 3-80

● **删除控制点：** 当鼠标指针变为 ♣₋ 时，如图 3-81 所示，在线段上单击控制点，就会将相应控制点删除。删除控制点后的效果如图 3-82 所示。

● **转换控制点：** 当鼠标指针变为 ♣ˬ 时，如图 3-83 所示，在线段上单击控制点，就会将相应控制点从曲线控制点转换为直线控制点。转换控制点后的效果如图 3-84 所示。

图 3-81　　　　　　图 3-82　　　　　　图 3-83　　　　　　图 3-84

提示　　当选择钢笔工具 ✐ 绘画时，如果在用铅笔、画笔、线条、椭圆或矩形工具创建的对象上单击，就可以调整对象的控制点，以改变这些对象的形状。

⑪ 墨水瓶工具

使用墨水瓶工具可以修改矢量图的边线。

打开云盘中的"基础素材 >Ch03>05"文件，如图 3-85 所示。选择墨水瓶工具 ，在墨水瓶工具"属性"面板中设置笔触颜色、笔触大小、笔触样式及笔触宽度，如图 3-86 所示。

这时，鼠标指针变为 。在图形上单击，为图形增加设置好的边线，如图 3-87 所示。在墨水瓶工具"属性"面板中设置不同的属性，绘制的边线效果也不同，如图 3-88 所示。

图 3-85　　　　　　　　　　图 3-86

图 3-87　　　　　　　　　　　　　　图 3-88

12 颜料桶工具

打开云盘中的"基础素材 >Ch03>06"文件，如图 3-89 所示。选择颜料桶工具 ，在其"属性"面板中，将"填充颜色"设为绿色（#99CC33），如图 3-90 所示。在边线内单击，边线内将被填充颜色，如图 3-91 所示。

图 3-89　　　　　　　　图 3-90　　　　　　　　图 3-91

系统在工具箱的下方提供了 4 种填充模式，如图 3-92 所示。

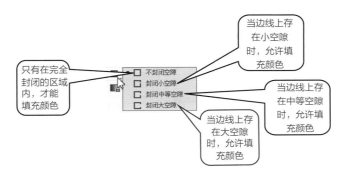

图 3-92

根据边线空隙的大小，应用不同的模式进行填充，效果如图3-93所示。

不封闭空隙模式　　封闭小空隙模式　　封闭中等空隙模式　　封闭大空隙模式

图3-93

"锁定填充"按钮 用于对填充颜色进行锁定，锁定后填充颜色不能被更改。

没有单击此按钮时，填充颜色可以根据需要进行变更，如图3-94所示。

图3-94

单击此按钮后，鼠标指针放置在填充颜色上，鼠标指针变为 ，填充颜色被锁定，不能随意更改，如图3-95所示。

⓭ 渐变变形工具

打开云盘中的"基础素材 >Ch03>07"文件。使用渐变变形工

图3-95

具可以改变选中图形中的填充渐变效果。当图形填充颜色为线性渐变色时，选择渐变变形工具 ，单击图形，会出现3个控制点和两条平行线，如图3-96所示。向图形中间拖曳缩放控制点，渐变区域会缩小，如图3-97所示，效果如图3-98所示。

将鼠标指针放在旋转控制点上，鼠标指针变为 ，拖曳旋转控制点来改变渐变区域的角度，如图3-99所示，效果如图3-100所示。

　　图3-96　　　　　　图3-97　　　　　　图3-98　　　　　　图3-99　　　　　　图3-100

当图形填充颜色为径向渐变色时，选择渐变变形工具 ，单击图形，会出现4个控制点和一个圆形外框，如图3-101所示。将鼠标指针放在圆形边框的水平缩放控制点上，鼠标指针变为↔，按住鼠标左键向右拖曳，水平拉伸渐变区域，如图3-102所示，效果如图3-103所示。

　　图3-101　　　　　　图3-102　　　　　　图3-103

将鼠标指针放置在圆形边框的等比例缩放控制点上，鼠标指针变为 ，按住鼠标左键向图形内部拖曳，缩小渐变区域，如图 3-104 所示，效果如图 3-105 所示。将鼠标指针放置在圆形边框的旋转控制点上，鼠标指针变为 ，按住鼠标左键向上拖曳，改变渐变区域的角度，如图 3-106 所示，效果如图 3-107 所示。

图 3-104　　　　　图 3-105　　　　　图 3-106　　　　　图 3-107

提示　移动中心控制点可以改变渐变区域的位置。

⑭ "颜色"面板

选择"窗口>颜色"命令，或按 Ctrl+Shift+F9 组合键，弹出"颜色"面板。

◎ 自定义纯色

在"颜色"面板的"颜色类型"下拉列表框中选择"纯色"选项，如图 3-108 所示。

◎ 自定义线性渐变色

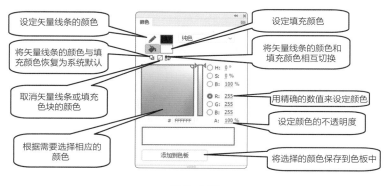

图 3-108

在"颜色"面板的"颜色类型"下拉列表框中选择"线性渐变"选项，如图 3-109 所示。将鼠标指针放在色带下方，鼠标指针变为 ，如图 3-110 所示，单击增加颜色控制点，并在面板下方为新增加的颜色控制点设定颜色及不透明度，如图 3-111 所示。当要删除颜色控制点时，只需将颜色控制点向色带下方拖曳。

图 3-109　　　　　图 3-110　　　　　图 3-111

◎ 自定义径向渐变色

在"颜色"面板的"颜色类型"下拉列表框中选择"径向渐变"选项，如图 3-112 所示。用与自定义线性渐变色相同的方法在色带上自定义径向渐变色，自定义完成后，在面板的下方会显示出自定义的渐变色，如图 3-113 所示。

◎ 自定义位图填充

在"颜色"面板的"颜色类型"下拉列表框中选择"位图填充"选项，如图 3-114 所示。单击"导入"按钮，弹出"导入到库"对话框，在对话框中选择要导入的位图，单击"打开"按钮，位图将被导入"颜色"面板中，如图 3-115 所示。

 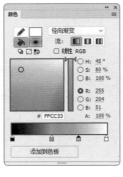  

图 3-112　　　　　　图 3-113　　　　　　图 3-114　　　　　　图 3-115

选择多角星形工具 ⬡，在舞台中绘制出一个五边形，五边形会被刚才导入的位图填充，如图 3-116 所示。

选择渐变变形工具 ▦，在填充位图上单击，将出现控制点，如图 3-117 所示。向右上方拖曳左下方的缩放控制点，如图 3-118 所示。

向左上方拖曳右上方的旋转控制点，改变填充位图的角度，如图 3-119 所示。效果如图 3-120 所示。

图 3-116　　　　　　图 3-117　　　　　　图 3-118　　　　　　图 3-119　　　　　　图 3-120

3.1.4 任务实施

（1）在欢迎页的"详细信息"栏中，将"宽"设为 300，"高"设为 300，在"平台类型"下拉列表框中选择"ActionScript 3.0"选项，单击"创建"按钮，完成文件的创建，如图 3-121 所示。

（2）将"图层_1"图层重命名为"圆角矩形"。选择基本矩形工具 ▢，在基本矩形工具"属性"面板中，将"笔触颜色"设为无，"填充颜色"设为绿色（#20C492），"矩形边角半径"设为50，其他选项的设置如图3-122所示。在舞台中绘制一个圆角矩形，效果如图3-123所示。

（3）保持圆角矩形的选中状态，在矩形图元"属性"面板中，将"宽"和"高"均设为234，"X"和"Y"均设为33，如图3-124所示，效果如图3-125所示。

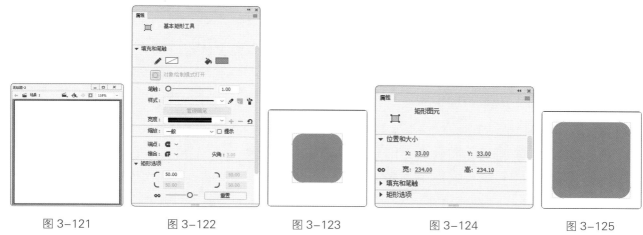

图 3-121   图 3-122   图 3-123   图 3-124   图 3-125

（4）单击"时间轴"面板上方的"新建图层"按钮 ▦，创建新图层并将其重命名为"外形"，如图3-126所示。在基本矩形工具"属性"面板中，将"笔触颜色"设为黑色，"填充颜色"设为白色，"笔触"设为3，"矩形边角半径"设为10、10、10、30，其他选项的设置如图3-127所示。在舞台中绘制一个圆角矩形，效果如图3-128所示。

（5）保持圆角矩形的选中状态，在矩形图元"属性"面板中，将"宽"设为128，"高"设为186，"X"设为72，"Y"设为93，如图3-129所示，效果如图3-130所示。

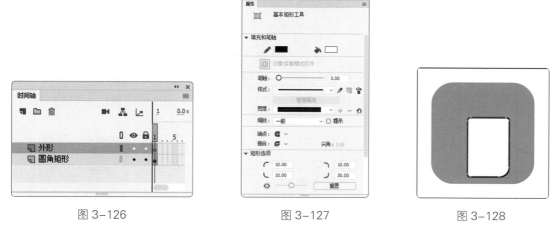

图 3-126   图 3-127   图 3-128

（6）单击"时间轴"面板上方的"新建图层"按钮 ▦，创建新图层并将其重命名为"屏幕"。在基本矩形工具"属性"面板中，将"笔触颜色"设为黑色，"填充颜色"设为深灰色（#333333），"笔触"设为3，"矩形边角半径"设为10、10、10、30，其他选项的设置如图3-131所示。在舞台中绘制一个圆角矩形，效果如图3-132所示。

| 图 3-129 | 图 3-130 | 图 3-131 | 图 3-132 |

（7）保持圆角矩形的选中状态，在矩形图元"属性"面板中，将"宽"设为102，"高"设为85，"X"设为85，"Y"设为106，效果如图3-133所示。

（8）单击"时间轴"面板上方的"新建图层"按钮 🗗，创建新图层并将其重命名为"画面"。选择矩形工具 🔲，单击工具箱下方的"对象绘制"按钮 🔲，在矩形工具"属性"面板中，将"笔触颜色"设为黑色，"填充颜色"设为橘黄色（#FF6600），"笔触"设为3，其他选项的设置如图3-134所示。在舞台中绘制一个矩形，效果如图3-135所示。

| 图 3-133 | 图 3-134 | 图 3-135 |

（9）选择选择工具 ▶，在舞台中选中图3-136中的橘黄色矩形，在绘制对象"属性"面板中，将"宽"和"高"均设为65，"X"设为104，"Y"设为116，如图3-137所示，效果如图3-138所示。

| 图 3-136 | 图 3-137 | 图 3-138 |

（10）选择钢笔工具 ✐，在钢笔工具"属性"面板中，将"笔触颜色"设为白色，"笔触"设为3，在舞台中适当的位置绘制一条开放路径，效果如图3-139所示。在钢笔工具"属性"面板中，将"笔触"设为5，在舞台中适当的位置绘制一条开放路径，效果如图3-140所示。

（11）选择椭圆工具 ◯，在椭圆工具"属性"面板中，将"笔触颜色"设为无，"填充颜色"设为白色，在按住Shift键的同时，在舞台中适当的位置绘制一个圆形，效果如图3-141所示。

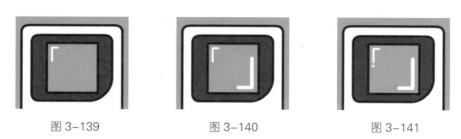

图3-139 图3-140 图3-141

（12）单击"时间轴"面板上方的"新建图层"按钮 ◄，创建新图层并将其重命名为"按钮"。选择多角星形工具 ◯，在多角星形工具"属性"面板中，将"笔触颜色"设为黑色，"填充颜色"设为蓝色（#0066CC），"笔触"设为3，在按住Shift键的同时，在舞台中绘制1个五边形，效果如图3-142所示。

（13）选择选择工具 ▶，在舞台中选中图3-143中的蓝色五边形，在绘制对象"属性"面板中，将"宽"设为20，"高"设为19，"X"设为88，"Y"设为208，效果如图3-144所示。

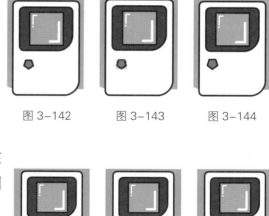

图3-142 图3-143 图3-144

（14）选择椭圆工具 ◯，在椭圆工具"属性"面板中，将"笔触颜色"设为黑色、"填充颜色"设为蓝色（#0066CC），"笔触"设为3，在按住Shift键的同时，在舞台中绘制一个圆形，效果如图3-145所示。

（15）选择选择工具 ▶，选中图3-146中的蓝色圆形，在绘制对象"属性"面板中，将"宽"和"高"均设为17，"X"设为105，"Y"设为229，效果如图3-147所示。

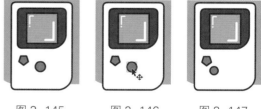

图3-145 图3-146 图3-147

（16）选择矩形工具 ▢，在矩形工具"属性"面板中，将"笔触颜色"设为黑色，"填充颜色"设为黄色（#FFCC00），"笔触"设为3，其他选项的设置如图3-148所示。在舞台中绘制一个矩形，效果如图3-149所示。

（17）选择"选择"工具 ▶，在舞台中选中图3-150中的黄色矩形，在绘制对象"属性"面板中，将"宽"设为9.5，"高"设为29.5，"X"设为159，"Y"设为222，效果如图3-151所示。

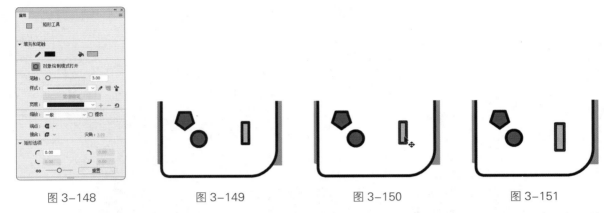

图 3-148　　　　　图 3-149　　　　　图 3-150　　　　　图 3-151

（18）保持矩形的选中状态，选择"窗口＞变形"命令，弹出"变形"面板，将"旋转"设为 90°，如图 3-152 所示，单击面板下方的"重制选区和变形"按钮 ，旋转角度并复制图形，效果如图 3-153 所示。

（19）选择选择工具 ，在按住 Shift 键的同时，选中需要的图形，如图 3-154 所示。按 Ctrl+B 组合键，将选中的图形分离，效果如图 3-155 所示。

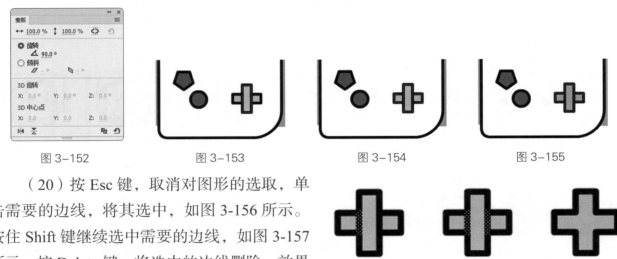

图 3-152　　　　　图 3-153　　　　　图 3-154　　　　　图 3-155

（20）按 Esc 键，取消对图形的选取，单击需要的边线，将其选中，如图 3-156 所示。按住 Shift 键继续选中需要的边线，如图 3-157 所示。按 Delete 键，将选中的边线删除，效果如图 3-158 所示。

图 3-156　　　图 3-157　　　图 3-158

（21）单击"时间轴"面板上方的"新建图层"按钮 ，创建新图层并将其重命名为"装饰"。选择线条工具 ，在线条工具"属性"面板中，将"笔触颜色"设为黑色，"笔触"设为 3，在舞台中适当的位置绘制一条线段，如图 3-159 所示。

（22）选择选择工具 ，选中绘制的线段，如图 3-160 所示。在按住 Shift+Alt 组合键的同时，向右拖曳线段到适当的位置，复制图形，效果如图 3-161 所示。按 Ctrl+Y 组合键，重复复制图形，效果如图 3-162 所示。

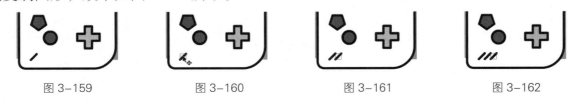

图 3-159　　　　　图 3-160　　　　　图 3-161　　　　　图 3-162

（23）单击"时间轴"面板上方的"新建图层"按钮■，创建新图层并将其重命名为"星星"。选择多角星形工具◙，在多角星形工具"属性"面板中，将"笔触颜色"设为无，"填充颜色"设为黄色（#FFCC00）。单击"工具设置"选项组中的"选项"按钮，在弹出的"工具设置"对话框中进行设置，如图3-163所示，单击"确定"按钮，完成工具属性的设置。在舞台中绘制多个星星，效果如图3-164所示。引导页中的插画绘制完成，按Ctrl+Enter组合键即可查看效果。

图 3-163

图 3-164

3.1.5　扩展实践：绘制迷你太空插画

使用钢笔工具、椭圆工具、多角星形工具、颜料桶工具、任意变形工具来完成迷你太空插画的绘制。最终效果参看云盘中的"Ch03>效果>3.1.5扩展实践：绘制迷你太空插画"，如图3-165所示。

绘制迷你太空插画

图 3-165

任务 3.2　绘制风景插画

3.2.1　任务引入

绘制风景插画

本任务要求读者是首先认识滴管工具、橡皮擦工具和"柔化填充边缘"命令；然后通过绘制风景插画，掌握风景插画的绘制技巧与设计思路。要求绘制以户外美景为主题的插画，在插画的绘制上要通过简单的绘画手法表现出风景插画的神秘及魅力。

3.2.2　设计理念

插画整体风格温馨舒适、简洁直观；画面色彩淡雅，层次分明；画面中有山有树有鸟有屋，表现出对自然风光的无限热爱和遐想。最终效果参看云盘中的"Ch03>效果>3.2-绘制风景插画"，如图3-166所示。

图 3-166

3.2.3　任务知识：滴管工具、橡皮擦工具和"柔化填充边缘"命令

1　滴管工具

利用滴管工具可以吸取矢量图的线和色彩；利用颜料桶工具，可以快速修改其他矢量图内部的填充颜色；利用墨水瓶工具，可以快速修改其他矢量图的边框颜色及线型。

◎ 吸取填充颜色

打开云盘中的"基础素材 >Ch03>09"文件，如图 3-167 所示。选择滴管工具 ，将鼠标指针放置在图 3-168 所示的位置，鼠标指针变为 ，单击吸取填充颜色样本。吸取颜色后，鼠标指针变为 ，表示填充颜色被锁定，如图 3-169 所示。

在工具箱的下方，取消对"锁定填充"按钮 的选取，鼠标指针变为 ，在右边图形的填充颜色上单击，图形的填充颜色将被修改，如图 3-170 所示。

图 3-167

图 3-168

图 3-169

图 3-170

◎ 吸取边框属性

选择滴管工具 ，将鼠标指针放在左边图形的外边框上，鼠标指针变为 ，在外边框上单击，吸取边框样本，如图 3-171 所示。吸取边框样本后，鼠标指针变为 ，在右边图形的外边框上单击，其外边框的颜色和样式将被修改，如图 3-172 所示。

图 3-171

图 3-172

◎ 吸取位图图案

利用滴管工具可以吸取从外部导入的位图图案。将云盘中的"基础素材 >Ch03>10"文件导入舞台中，如图 3-173 所示。按 Ctrl+B 组合键，将位图分离。在舞台中绘制一个圆形，如图 3-174 所示。

选择滴管工具 ，将鼠标指针放在位图上，鼠标指针变为 ，单击吸取图案样本，如图 3-175 所示。吸取图案样本后，鼠标指针变为 ，在圆形的内部单击，填充图案，如图 3-176 所示。

图 3-173

图 3-174

图 3-175

图 3-176

选择渐变变形工具 ，单击被填充图案的圆形，将出现控制点，如图 3-177 所示。将鼠标指针放在左下方控制点上，鼠标指针变为 ，按住鼠标左键并向中心方向拖曳，如图 3-178 所示，填充图案变小。松开鼠标，效果如图 3-179 所示。

图 3-177　　　　　　　　　图 3-178　　　　　　　　　图 3-179

◎ 吸取文字属性

利用滴管工具可以吸取文字的颜色。选择要修改的目标文字，如图 3-180 所示。选择滴管工具 ，将鼠标指针放在源文字上，鼠标指针变为 ，如图 3-181 所示。在源文字上单击，源文字的文字颜色被应用到目标文字上，如图 3-182 所示。

图 3-180　　　　　　　　　图 3-181　　　　　　　　　图 3-182

2 **橡皮擦工具**

打开云盘中的"基础素材 >Ch03>11"文件，如图 3-183 所示。选择橡皮擦工具 ，在图形上想要擦除的地方按住鼠标左键并拖曳，图形会被擦除，如图 3-184 所示。在橡皮擦工具"属性"面板中，单击"橡皮擦形状"按钮 ，在下拉列表中可以选择橡皮擦的形状；拖曳"大小"选项滑块可以调整橡皮擦形状的大小。

如果想得到特殊的擦除效果，可借助系统在工具箱的下方提供的 5 种擦除模式实现，如图 3-185 所示。

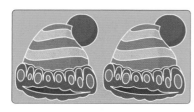

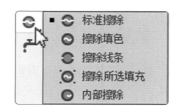

图 3-183　　　　　　　　　图 3-184　　　　　　　　　图 3-185

"标准擦除"模式：擦除同一层的线条和填充部分。选择此模式擦除图形的前后对照效果如图 3-186 所示。

"擦除填色"模式：仅擦除填充部分，其他部分（如边框线）不受影响。选择此模式擦除图形的前后对照效果如图 3-187 所示。

"擦除线条"模式：仅擦除图形的线条部分，不影响其填充部分。选择此模式擦除图形的前后对照效果如图 3-188 所示。

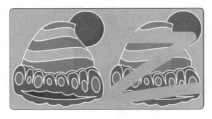
图 3-186

图 3-187

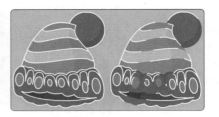
图 3-188

"擦除所选填充"模式：仅擦除已经选择的填充部分，不影响其他未被选择的填充部分（如果舞台中没有任何填充部分被选择，那么擦除命令无效）。选择此模式擦除图形的前后对照效果如图 3-189 所示。

图 3-189　　　　图 3-190

"内部擦除"模式：仅擦除起点所在的填充部分，不影响线条填充区域外的部分。选择此模式擦除图形的前后对照效果如图 3-190 所示。

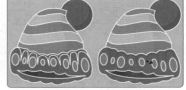
图 3-191　　　　图 3-192

如果想快速删除舞台中的所有对象，双击橡皮擦工具 ◆ 即可。

如果想删除向量图形上的线段或填充部分，可以选择橡皮擦工具 ◆，再单击工具箱中的"水龙头"按钮 ⌐，然后单击舞台中想要删除的线段或填充部分，如图 3-191 和图 3-192 所示。

提示　　因为导入的位图和文字不是矢量图，不能擦除它们的部分或全部区域，所以必须先选择"修改 > 分离"命令，将它们分离成矢量图，才能使用橡皮擦工具擦除它们的部分或全部区域。

③ 将线条转换为填充

使用"将线条转换为填充"命令可以将矢量线条转换为填充色块。打开云盘中的"基础素材 >Ch03>12"文件，如图 3-193 所示。选择墨水瓶工具 ⌐，为图形绘制外边线，如图 3-194 所示。

图 3-193　　图 3-194

选择选择工具 ▶，双击图形的外边线将其选中，如图 3-195 所示，选择"修改 > 形状 > 将线条转换为填充"命令，将外边线转换为填充色块。这时，可以选择颜料桶工具 ◆，为填充色块设置其他颜色，如图 3-196 所示。

图 3-195　　图 3-196

4 扩展填充

使用"扩展填充"命令可以将填充颜色向外扩展或向内收缩，扩展或收缩的数值可以自定义。

◎ 扩展填充颜色

打开云盘中的"基础素材 >Ch03>13"文件。选中图 3-197 所示的图形，选择"修改 > 形状 > 扩展填充"命令，弹出"扩展填充"对话框。在"距离"数值框中输入 6 像素（取值范围为 0.05 ～ 144 像素），选择"扩展"单选按钮，如图 3-198 所示。单击"确定"按钮，填充颜色将向外扩展，效果如图 3-199 所示。

图 3-197　　　　　　　　　图 3-198　　　　　　　　　图 3-199

◎ 收缩填充颜色

选中图形的填充颜色，选择"修改 > 形状 > 扩展填充"命令，弹出"扩展填充"对话框。在"距离"数值框中输入 6 像素（取值范围为 0.05 ～ 144 像素），选择"插入"单选按钮，如图 3-200 所示。单击"确定"按钮，填充颜色将向内收缩，效果如图 3-201 所示。

图 3-200

5 柔化填充边缘

◎ 向外柔化填充边缘

打开云盘中的"基础素材 >Ch03>14"文件。选中图形，如图 3-202 所示，选择"修改 > 形状 > 柔化填充边缘"命令，弹出"柔化填充边缘"对话框。在"距离"数值框中输入 80 像素，在"步长数"数值框中输入 5，选择"扩展"单选按钮，如图 3-203 所示。单击"确定"按钮，效果如图 3-204 所示。

图 3-201

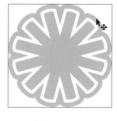

图 3-202　　　　　　　　　图 3-203　　　　　　　　　图 3-204

◎ 向内柔化填充边缘

选中图形，如图 3-205 所示，选择"修改 > 形状 > 柔化填充边缘"命令，弹出"柔化填充边缘"对话框。在"距离"数值框中输入 50 像素，在"步长数"数值框中输入 5，选择"插入"单选按钮，如图 3-206 所示。单击"确定"按钮，效果如图 3-207 所示。

图 3-205　　　　　图 3-206　　　　　图 3-207

3.2.4 任务实施

（1）选择"文件 > 打开"命令，在弹出的"打开"对话框中，选择云盘中的"Ch03> 素材 >3.2- 绘制风景插画 >01"文件，如图 3-208 所示。单击"打开"按钮，打开文件，如图 3-209 所示。在"时间轴"面板中创建新图层并将其重命名为"太阳"，如图 3-210 所示。

图 3-208　　　　　图 3-209　　　　　图 3-210

（2）选择椭圆工具，在椭圆工具"属性"面板中，将"笔触颜色"设为白色，"填充颜色"设为洋红色（#FF465D），"笔触"设为5。在按住 Shift 键的同时，在舞台中绘制一个圆形，效果如图 3-211 所示。

（3）选择选择工具，选中绘制的圆形，如图 3-212 所示，按 Ctrl+C 组合键，复制圆形。选择"修改 > 形状 > 将线条转换为填充"命令，将笔触转换为填充色块，效果如图 3-213 所示。

（4）选择"修改 > 形状 > 柔化填充边缘"命令，弹出"柔化填充边缘"对话框，在对话框中进行设置，如图 3-214 所示。单击"确定"按钮，效果如图 3-215 所示。

图 3-211

图 3-212　　　　　图 3-213　　　　　图 3-214　　　　　图 3-215

（5）按 Ctrl+Shift+V 组合键，将复制的圆形原位粘贴到"太阳"图层中，如图 3-216 所示。在工具箱中将"笔触颜色"设为无，效果如图 3-217 所示。风景插画绘制完成，按 Ctrl+Enter 组合键即可查看效果，如图 3-218 所示。

图 3-216

图 3-217

图 3-218

3.2.5　扩展实践：绘制夕阳插画

使用钢笔工具和颜料桶工具绘制云彩效果，使用椭圆工具绘制太阳，使用"柔化填充边缘"命令制作云彩和太阳的虚化边缘效果。最终效果参看云盘中的"Ch03>效果 > 绘制夕阳插画"，如图 3-219 所示。

绘制夕阳插画

图 3-219

任务 3.3　项目演练：绘制闪屏页中的插画

3.3.1　任务引入

游儿 App 是一个综合性旅行服务平台，可以随时随地向用户提供酒店预订、旅游度假及兼职资讯在内的全方位旅行服务。本任务要求读者为旅游出行 App 绘制闪屏页中的插画，要求设计应符合该 App 的市场定位和用户需求。

绘制闪屏页中的插画 1

绘制闪屏页中的插画 2

3.3.2　设计理念

插画形象具有光影效果，表意准确，能快速地传达准确的信息；整体设计简洁美观，细节精巧，在展现出 App 主题的同时，增加活泼感，让人印象深刻。最终效果参看云盘中的"Ch03>效果 >3.3- 绘制闪屏页中的插画"，如图 3-220 所示。

图 3-220

项目4

制作品牌标志
——标志设计

04

标志是一种传达事物特征的特定视觉符号，企业的标志代表着企业的形象和文化。企业的服务水平、管理机制及综合实力都可以通过标志来体现。在企业视觉战略的推广中，标志起着举足轻重的作用。通过本项目的学习，读者可以掌握标志的设计方法和制作技巧。

学习引导

知识目标
- 了解标志的概念及功能；
- 掌握标志的设计原则。

能力目标
- 熟悉标志的设计思路和过程；
- 掌握标志的制作方法和技巧。

素养目标
- 培养对标志的设计创作能力；
- 培养对标志的审美与鉴赏能力。

实训任务
- 制作叭哥影视标志；
- 制作万升网络标志。

相关知识：标志设计基础

1 标志的概念

借助图形和文字的巧妙设计组合，标志传递出某种信息，表达某种特殊的含义。标志设计是将具体的事物和抽象的精神通过特定的图形和符号固定下来，人们在看到标志的同时，能够自然地产生联想，从而产生对事物和精神的认同感，如图 4-1 所示。

图 4-1

2 标志的功能

标志的主要功能包括识别功能、品牌优势、美化功能、国际交流、引导功能等，如图 4-2 所示。

图 4-2

3 标志设计的原则

标志设计要遵循一些基本的原则，其中包括意义表达明确、内容丰富深刻、设计鲜明独特、造型简洁大方、适应性良好和具备持久性与时代性，如图 4-3 所示。

图 4-3

任务 4.1　制作叭哥影视标志

制作叭哥影视标志

4.1.1　任务引入

叭哥影视传媒有限公司是一家刚刚成立的影视公司，其经营范围包括制作发行动画片、专题片、电视综艺等电视节目。本任务要求读者首先了解如何创建、变形和填充文本；然后通过制作叭哥影视标志，掌握娱乐类标志的制作技巧与设计思路。标志作为公司形象中的关键元素，其设计要求具有特色，能够体现公司的性质及特点。

4.1.2　设计理念

叭哥影视的标志以黄色和绿色作为主体颜色，表现形式层次分明，具有吸引力，整体造型设计体现出公司富有活力、充满朝气的特点，具有较高的识别性，在字体设计上进行变形处理，表现出大气简洁、积极进取的公司形象，整体设计独特并且充满创意，能够达到公司要求。最终效果参看云盘中的"Ch04> 效果 >4.1- 制作叭哥影视标志"，如图 4-4 所示。

图 4-4

4.1.3　任务知识：创建、变形和填充文本

① 创建文本

选择文本工具 T，选择"窗口 > 属性"命令，弹出文本工具"属性"面板，如图 4-5 所示。

将鼠标指针放在舞台中，鼠标指针变为 ⁺ᵢ⁺。在舞台中单击，出现文本输入光标，如图 4-6 所示，直接输入文字，效果如图 4-7 所示。

图 4-5

图 4-6

图 4-7

在舞台中按住鼠标左键，向右下角方向拖曳出一个文本框，如图 4-8 所示。松开鼠标，出现文本输入光标，如图 4-9 所示。在文本框中输入文字，文字会被限制在文本框中，如果输入的文字较多，则会自动转到下一行显示，如图 4-10 所示。

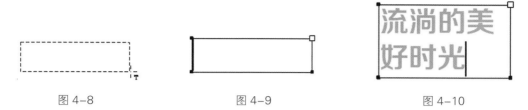

图 4-8　　　　　　　图 4-9　　　　　　　图 4-10

向左拖曳文本框右上方的正方形控制点，可以缩小文字的行宽，如图 4-11 所示。向右拖曳正方形控制点，可以扩大文字的行宽，如图 4-12 所示。

双击文本框右上方的正方形控制点，文字将转换成单行显示状态，正方形控制点转换为圆形控制点，如图 4-13 所示。

图 4-11　　　　　　　图 4-12　　　　　　　图 4-13

②　文本属性

文本工具的"属性"面板如图 4-14 所示。下面文本的各调整选项逐一进行介绍。

◎ 设置文本的字体、字体大小、样式和颜色

"系列"下拉列表框：用于设定选定字符或整个文本的字体。

选中文字，如图 4-15 所示，选择文本工具"属性"面板，在"字符"选项组的"系列"下拉列表框中选择要转换的字体，如图 4-16 所示，文字的字体被转换，效果如图 4-17 所示。

图 4-14　　　　　图 4-15　　　　　　　图 4-16　　　　　　图 4-17

"大小"选项：用于设置选定字符或整个文本的文字大小。选项值越大，文字越大。

选中文字，如图4-18所示，在文本工具的"属性"面板中选择"大小"选项，输入设定的数值，或通过将鼠标指针放置在数值上拖曳进行设置，如图4-19所示，文字的字号变小，如图4-20所示。

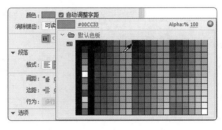

图4-18　　　　　　　　　　图4-19　　　　　　　　　　图4-20

"颜色"按钮 □ ：用于为选定字符或整个文本的文字设置颜色。

选中文字，如图4-21所示，在文本工具的"属性"面板中单击"颜色"按钮 □ ，弹出颜色面板，选择需要的颜色，如图4-22所示，为文字替换颜色，如图4-23所示。

图4-21　　　　　　　　　　图4-22　　　　　　　　　　图4-23

　　　　文字只能使用纯色，不能使用渐变色。如果想为文字应用渐变色，则必须将文字转换为组成它的线条和填充色块。

提示

"改变文本方向"按钮 ▐▀ ▾ ：在其下拉列表中选择需要的选项可以改变文字的排列方向。

选中文字，如图4-24所示，单击"改变文本方向"按钮 ▐▀ ▾ ，在其下拉列表中选择"垂直"选项，如图4-25所示，文字将从右向左排列，效果如图4-26所示。如果在其下拉列表中选择"垂直，从左向右"选项，如图4-27所示，文字将从左向右排列，效果如图4-28所示。

图4-24　　　　　图4-25　　　　　图4-26　　　　　图4-27　　　　　图4-28

"字母间距"选项：通过设置需要的数值，控制字符之间的相对位置。

设置不同的字母间距，文字的效果如图 4-29 所示。

（a）间距为 0 时的效果   （b）缩小间距后的效果   （c）扩大间距后的效果

图 4-29

"字符"选项：通过设置需要的数值，控制字符之间的相对位置。

"切换上标"按钮 T^1：单击该按钮，可将水平文本放在基线之上或将垂直文本放在基线的右边。

"切换下标"按钮 T_1：单击该按钮，可将水平文本放在基线之下或将垂直文本放在基线的左边。

选中要设置字符位置的文本，单击"切换上标"按钮 T^1，文字将放在基线之上，如图 4-30 所示。

设置不同的字符位置，文字的效果如图 4-31 所示。

图 4-30

（a）正常位置   （b）上标位置   （c）下标位置

图 4-31

◎ 设置段落

在文本工具的"属性"面板中，单击"段落"选项组左侧的三角按钮 ▶，展开相应的选项，设置文本段落的格式，如图 4-32 所示。

选择不同的排列方式，文本段落的排列效果如图 4-33 所示。

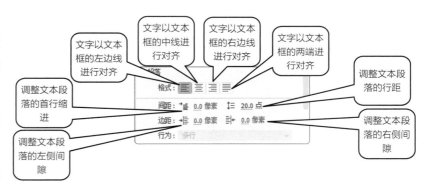

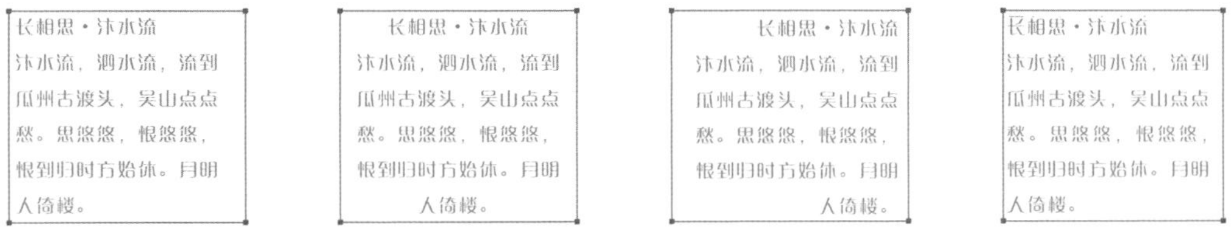

图 4-32

（a）左对齐   （b）居中对齐   （c）右对齐   （d）两端对齐

图 4-33

选中图 4-34 所示的文本段落，在"段落"选项中进行设置，如图 4-35 所示，文本段落的格式将发生改变，如图 4-36 所示。

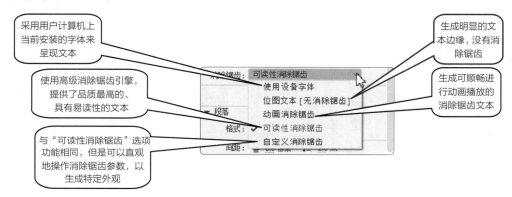

图 4-34　　　　　　　　　　图 4-35　　　　　　　　　　图 4-36

◎ 设置字体呈现方法

Animate CC 2019 中有 5 种不同的字体呈现方法，如图 4-37 所示。选择不同的字体呈现方法，可以得到不同的样式。

"使用设备字体"：选择该选项将生成一个较小的 SWF 文件，并采用用户计算机上当前安装的字体来呈现文本。

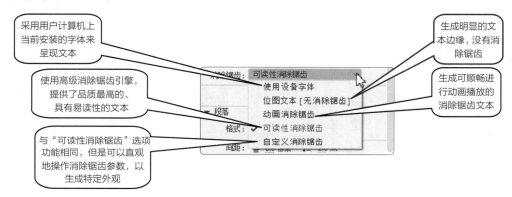

图 4-37

◎ 设置文本超链接

● "链接"文本框：用于直接输入网址，使当前文本成为超链接文本。

● "目标"下拉列表框：用于设置超链接的打开方式，共有 4 种方式可以选择。

● "_blank"：链接页面在浏览器中打开。

● "_parent"：链接页面在父框架中打开。

● "_self"：链接页面在当前框架中打开。

● "_top"：链接页面在默认的顶部框架中打开。

选中文字，如图 4-38 所示，选择文本工具的"属性"面板，在"链接"文本框中输入链接的网址，如图 4-39 所示，在"目标"下拉列表框中设置超链接的打开方式，设置完成后文字的下方会出现下画线，表示已经链接，如图 4-40 所示。

图 4-38　　　　　　　　　　图 4-39　　　　　　　　　　图 4-40

提示

　　文本只有在水平方向排列时，超链接功能才可用。当文本在垂直方向排列时，超链接功能不可用。

❸ 静态文本

　　选择"静态文本"选项，"属性"面板如图 4-41 所示。

　　单击"可选"按钮，当文件输出为 SWF 格式时，可以对影片中的文字进行选取、复制操作。

❹ 动态文本

　　选择"动态文本"选项，"属性"面板如图 4-42 所示。动态文本可以作为对象来应用。

　　"实例名称"选项，可以设置动态文本的名称。在"字符"选项组中单击"将文本呈现为 HTML"按钮，文本将支持 HTML 标签特有的字体格式、超级链接等超文本格式；单击"在文本周围显示边框"按钮，可以为文本设置白色的背景和黑色的边框。

　　"段落"选项组中的"行为"选项包括单行、多行和多行不换行。选择"单行"选项，文本将以单行方式显示；选择"多行"选项，如果输入的文本宽度大于设置的文本限制宽度，输入的文本将会自动换行；选择"多行不换行"选项，输入的文本为多行时，不会自动换行。

❺ 输入文本

　　选择"输入文本"选项，"属性"面板如图 4-43 所示。

　　"段落"选项组中的"行为"选项新增加了"密码"选项，选择此选项，当文件输出为 SWF 格式时，影片中的文字将显示为星号。

　　"选项"选项组中的"最大字符数"选项，可以设置最多输入的文字数目。默认值为 0，即为不限制。如果设置数值，此数值即表示输出 SWF 格式的影片时，最多显示的文字数目。

图 4-41　　　　　　　　　　图 4-42　　　　　　　　　　图 4-43

❻ 变形文本

　　在舞台输入需要的文字，并选中，如图 4-44 所示。按两次 Ctrl+B 组合键，将文字分离，如图 4-45 所示。

图 4-44 　　　　　　　　　　　　　图 4-45

选择"修改 > 变形 > 封套"命令，文字的周围将出现控制点，如图 4-46 所示。拖曳控制点，改变文字的形状，如图 4-47 所示。变形完成后文字的效果如图 4-48 所示。

图 4-46 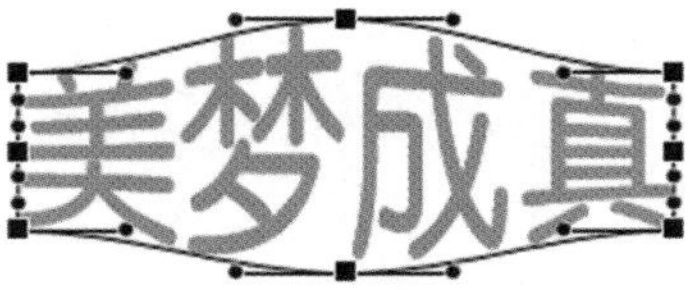　　　　　　　　　　图 4-47 　　　　　　　　　　图 4-48

7 填充文本

选中文字，如图 4-49 所示，按两次 Ctrl+B 组合键，将文字分离，如图 4-50 所示。

选择"窗口 > 颜色"命令，弹出"颜色"面板。单击"填充颜色"按钮，在"颜色类型"下拉列表框中选择"径向渐变"选项，在色带上设置渐变颜色，如图 4-51 所示，文字效果如图 4-52 所示。

图 4-49 　　　　　　　　　　　　图 4-50

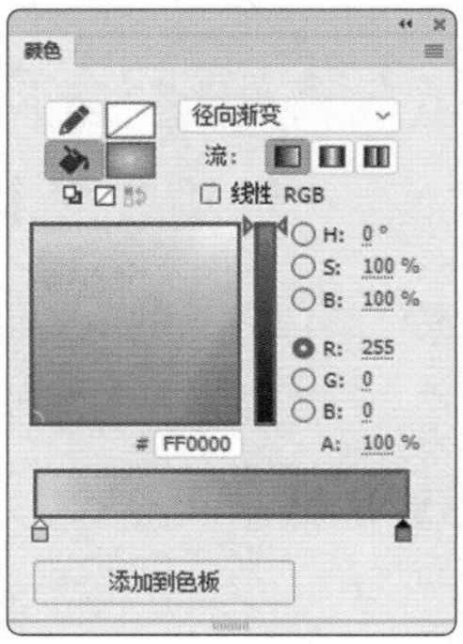

选择墨水瓶工具，在墨水瓶工具的"属性"面板中，将"笔触颜色"设为绿色（#009900）、"笔触"设为 3，分别在文字的外边线上单击，如图 4-53 所示，为文字添加外边框，效果如图 4-54 所示。

图 4-51

图 4-52 　　　　　　　　图 4-53 　　　　　　　　图 4-54

4.1.4 任务实施

（1）在欢迎页的"详细信息"栏中，将"宽"设为 550，"高"设为 400，在"平台类型"下拉列表框中选择"ActionScript 3.0"选项，单击"创建"按钮，完成文件的创建。

（2）将"图层_1"图层重命名为"头部"。选择钢笔工具，在钢笔工具的"属性"面板中，将"笔触颜色"设为黑色，"填充颜色"设为无，"笔触"设为 1。单击工具箱下方的"对象绘制"按钮，在舞台中绘制一个闭合边线，效果如图 4-55 所示。

图 4-55

（3）选择选择工具 ▶ ，在舞台中选中闭合边
线，如图 4-56 所示，在工具箱中将"填充颜色"设
为绿色（＃639335），"笔触颜色"设为无，效果
如图 4-57 所示。

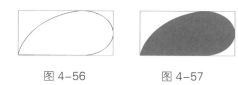

图 4-56　　　　图 4-57

（4）按 Ctrl+C 组合键，复制图形。在"时间轴"面板中创建新图层并将其重命名为
"嘴巴"。按 Ctrl+Shift+V 组合键，将复制的图形原位粘贴到"嘴巴"图层中，按 Ctrl+B 组
合键，将图形分离，效果如图 4-58 所示。

（5）选择椭圆工具 ◯ ，在工具箱中将
"笔触颜色"设为红色（#FF0000），"填充
颜色"设为无，单击工具箱下方的"对象绘制"
按钮 ◙ ，取消选择。在舞台中适当的位置绘
制一个椭圆，如图 4-59 所示。选择选择工
具 ▶ ，选中图 4-60 所示的图形，按 Delete 键，将其删除。

图 4-58　　　　图 4-59　　　　图 4-60

（6）选择颜料桶工具 ◈ ，在工具箱中将
"填充颜色"设为黄色（#F5C51F），将鼠
标指针放置在图 4-61 所示的位置。单击填充
颜色，效果如图 4-62 所示。单击"时间轴"
面板中的"嘴巴"图层，将该图层中的对象
全部选中，在工具箱中将"笔触颜色"设为无，
效果如图 4-63 所示。

图 4-61　　　　图 4-62　　　　图 4-63

（7）选择钢笔工具 ✐ ，在工具箱中将"笔触颜色"设为红色（#FF0000），在舞台中
适当的位置绘制一个闭合边线，效果如图 4-64 所示。

（8）选择颜料桶工具 ◈ ，
在工具箱中将"填充颜色"设
为 浅 黄 色（#F5D848），将 鼠
标指针放置在图 4-65 所示的位
置。单击填充颜色，效果如图
4-66 所示。

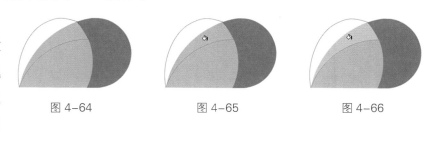

图 4-64　　　　图 4-65　　　　图 4-66

（9）单击"时间轴"面板中的"嘴巴"图层，将该图层中的对象全部选中，在工具箱
中将"笔触颜色"设为无，效果如图 4-67 所示。
选择椭圆工具 ◯ ，在工具箱中将"笔触颜色"设为
无、"填充颜色"设为黑色。单击工具箱下方的"对
象绘制"按钮 ◙ ，在按住 Shift 键的同时在舞台中
绘制一个圆形，如图 4-68 所示。

图 4-67　　　　图 4-68

（10）在"时间轴"面板中创建新图层并将其重命名为"眼睛"。选择"椭圆"工具
，在工具箱中将"笔触颜色"设为无，"填充颜色"设为灰色（#E5E5E4）。在按住 Shift
键的同时在舞台中适当的位置绘制一个圆形，效果如图 4-69 所示。

（11）在工具箱中将"填充颜色"设为白色，在按住
Shift 键的同时在舞台中适当的位置绘制一个圆形，效果如
图 4-70 所示。用相同的方法再次绘制一个黑色的圆形，效
果如图 4-71 所示。

图 4-69　　　图 4-70　　　图 4-71

（12）在"时间轴"面板中创建新图层并将其重命名
为"脖子"。选择钢笔工具，在工具箱中将"笔触颜色"设为红色（#FF0000），在舞台
中绘制一个闭合边线，如图 4-72 所示。

（13）选择选择工具，在舞台中选中
闭合边线，在工具箱中将"填充颜色"设为深
绿色（#013333）、"笔触颜色"设为无，效
果如图 4-73 所示。在"时间轴"面板中，将"脖
子"图层拖曳到"头部"图层的下方，效果如
图 4-74 所示。

图 4-72　　　　图 4-73　　　　图 4-74

（14）在"眼睛"图层的上方创建新图层并将其重命名为"文字"。选择文本工具，
在文本工具"属性"面板中进行设置，在舞台中适当的位置输入大小为 80，字体为"方正
尚酷简体"的深绿色（#013333）文字，文字效果如图 4-75 所示。

（15）在文本工具的"属性"面板中进行设置，在舞台
中适当的位置输入大小为 20，字母间距为 18，字体为"ITC
Avant Garde Gothic"的绿色（#036435）英文，效果如图 4-76
所示。叭哥影视标志制作完成，按 Ctrl+Enter 组合键即可查
看效果。

图 4-75　　　　图 4-76

4.1.5　扩展实践：制作马戏团标志

使用文本工具输入文字，使用"分离"命令将文字分离，使用墨水瓶工具为文字添加
轮廓效果，使用"颜色"面板和颜料桶工具为文字添加渐变色效果。最终效果参看云盘中的
"Ch04> 效果 >4.1.5 扩展实践：制作马戏团标志"，如图 4-77 所示。

图 4-77

制作马戏团标志

任务 4.2　制作万升网络标志

制作万升网络标志

4.2.1　任务引入

万升网络科技有限公司主要经营的业务包括电子商务、计算机技术、网络技术、技术转让、技术咨询和技术服务等。本任务要求读者首先认识套索工具、魔术棒工具和任意变形工具；然后通过制作万升网络标志，掌握科技类标志的制作技巧与设计思路。在标志的设计上希望能表现出公司的特点和特色。

4.2.2　设计理念

从公司的名称入手，对"万升网络"4个字进行精心的变形设计和处理，设计后的文字风格和品牌定位紧密结合，充分表现出网络公司独有的格调。最终效果参看云盘中的"Ch04>效果>4.2-制作万升网络标志"，如图4-78所示。

图 4-78

4.2.3　任务知识：套索工具、魔术棒工具和任意变形工具

❶ 套索工具

将云盘中的"基础素材>Ch04>02"文件导入舞台中，按Ctrl+B组合键，对位图进行分离。选择套索工具 ♀，用鼠标指针在位图上任意勾画想要的区域，形成一个封闭的选区，如图4-79所示。松开鼠标，选区中的图像将被选中，如图4-80所示。

图 4-79　　　　　图 4-80

❷ 多边形工具

将云盘中的"基础素材>Ch04>03"文件导入舞台中，按Ctrl+B组合键，对位图进行分离。选择多边形工具 ♡，在图像上单击，确定第一个定位点，松开鼠标并将鼠标指针移至下一个定位点，再单击，用相同的方法直到勾画出想要的图像，并使选取区域形成一个封闭的选区，如图4-81所示。双击选中，选区中的图像，如图4-82所示。

图 4-81　　　　　图 4-82

③ 魔术棒工具

选择魔术棒工具，将鼠标指针放在位图上，鼠标指针变为，在要选择的位图上单击，如图4-83所示。与单击点颜色相近的图像区域将被选中，如图4-84所示。

图4-83　　　　　　图4-84

可以在魔术棒工具的"属性"面板中设置阈值和平滑选项，如图4-85所示。设置不同的阈值后，产生的不同效果，如图4-86所示。

图4-85

（a）阈值为10时选取图像的区域　　（b）阈值为60时选取图像的区域

图4-86

④ 任意变形工具

在制作图形的过程中，可以使用任意变形工具来改变图形的大小及倾斜度。

打开云盘中的"基础素材 >Ch04>04"文件，如图4-87所示。选择任意变形工具，框选中图形，在图形的周围将出现控制点，如图4-88所示。在按住Alt+Shift组合键的同时拖曳控制点，可以非中心等比例改变图形的大小，如图4-89和图4-90所示。在按住Shift键的同时拖曳控制点，可以中心点等比例缩放图形；在按住Alt键的同时拖曳控制点，可以非中心缩放图形。

鼠标指针位于4个角的控制点上时会变为，如图4-91所示。按住鼠标左键并拖曳鼠标指针旋转图形，如图4-92和图4-93所示。

系统在工具箱的下方提供了4种变形按钮，如图4-94所示。

● "旋转与倾斜"按钮：选中图形，单击"旋转与倾斜"按钮，将鼠标指针放在图形上方中间的控制点上，鼠标指

图4-87　　　　图4-88　　　　图4-89　　　　图4-90

图4-91　　　　　图4-92　　　　　图4-93

针变为 ↔；按住鼠标左键，向右水平拖曳控制点，如图 4-95 所示；松开鼠标，图形变倾斜，如图 4-96 所示。

● **"缩放"按钮** ⊡：选中图形，单击"缩放"按钮 ⊡，将鼠标指针放在图形右上方的控制点上，鼠标指针变为 ↗，如图 4-97 所示；按住鼠标左键，向左下方拖曳控制点到适当的位置，如图 4-98 所示；松开鼠标，图形变小，如图 4-99 所示。

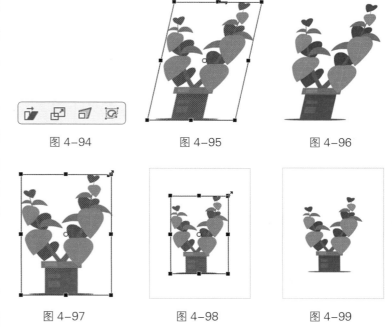

图 4-94　　　　图 4-95　　　　图 4-96

图 4-97　　　　图 4-98　　　　图 4-99

● **"扭曲"按钮** ⊡：选中图形，单击"扭曲"按钮 ⊡，将鼠标指针放在图形右上方的控制点上，鼠标指针变为 ▷；按住鼠标左键，向左下方拖曳控制点到适当的位置，如图 4-100 所示；松开鼠标，图形变扭曲，如图 4-101 所示。

● **"封套"按钮** ⊡：选中图形，单击"封套"按钮 ⊡，图形周围将出现一些控制点，将鼠标指针放在控制点上，鼠标指针变为 ▷；按住鼠标左键拖曳控制点，如图 4-102 所示；松开鼠标，图形变扭曲，如图 4-103 所示。

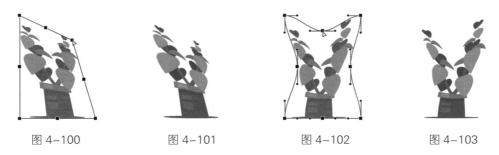

图 4-100　　　　图 4-101　　　　图 4-102　　　　图 4-103

⑤ 对象的变形与操作

使用"变形"命令可以对选择的对象进行变形修改，如扭曲、封套、缩放、旋转、倾斜和翻转等；还可以根据需要对对象进行组合、分离、叠放和对齐等一系列操作，从而达到制作的要求。

◎ 扭曲对象

打开云盘中的"基础素材 >Ch04>05"文件。按 Ctrl+A 组合键，将舞台中的图形全部选中。选择"修改 > 变形 > 扭曲"命令，在当前选择的图形上将出现控制点，如图 4-104 所示。将鼠标指针放在右上方的控制点上，鼠标指针变为 ▷，按住鼠标左键并向左下方拖曳控制点，如图 4-105 所示。拖动 4 个角的控制点可以改变图形顶点的形状，效果如图 4-106 所示。

◎ 封套对象

选择"修改 > 变形 > 封套"命令，在当前选择的图形上将出现控制点，如图 4-107 所示。将鼠标指针放在控制点上，鼠标指针变为 ，按住鼠标左键并拖曳控制点到适当的位置，如图 4-108 所示；松开鼠标，使图形产生相应的弯曲变化，效果如图 4-109 所示。

◎ 缩放对象

选择"修改 > 变形 > 缩放"命令，在当前选择的图形上将出现控制点，如图 4-110 所示。将鼠标指针放在右上方的控制点上，鼠标指针变为 ；在按住 Alt 键的同时，按住鼠标左键并向左下方拖曳控制点，如图 4-111 所示，可以非中心缩放图形；松开鼠标，效果如图 4-112 所示。

◎ 旋转与倾斜对象

选择"修改 > 变形 > 旋转与倾斜"命令，在当前选择的图形上将出现控制点，如图 4-113 所示。将鼠标指针放在右上方的控制点上，鼠标指针变为 ；按住鼠标左键并向右下方拖曳控制点，如图 4-114 所示；松开鼠标，旋转图形，效果如图 4-115 所示。

将鼠标指针放置在上方边线上，鼠标指针变为 ，如图 4-116 所示；按住鼠标左键并向右拖曳控制点，如图 4-117 所示；松开鼠标，图形变倾斜，效果如图 4-118 所示。

选择"修改 > 变形"中的"顺时针旋转 90 度"和"逆时针旋转 90 度"命令，可以将图形按照规定的度数进行旋转，效果如图 4-119 和图 4-120 所示。

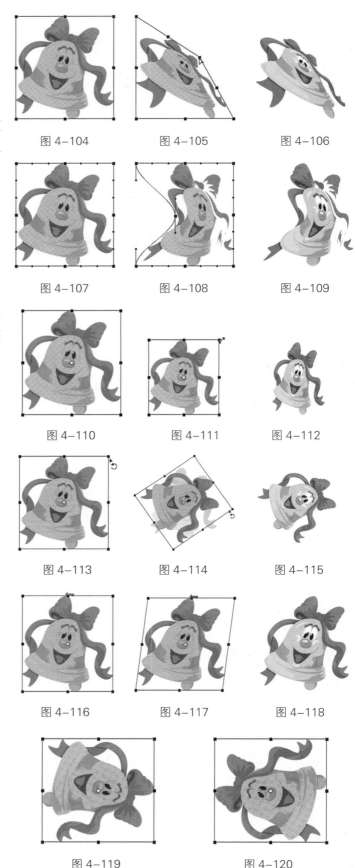

图 4-104　　　图 4-105　　　图 4-106

图 4-107　　　图 4-108　　　图 4-109

图 4-110　　　图 4-111　　　图 4-112

图 4-113　　　图 4-114　　　图 4-115

图 4-116　　　图 4-117　　　图 4-118

图 4-119　　　图 4-120

◎ 翻转对象

选择"修改 > 变形"中的"垂直翻转"和"水平翻转"命令，可以将图形进行翻转，效果如图 4-121 和图 4-122 所示。

图 4-121　　　　　　　图 4-122

◎ 组合对象

打开云盘中的"基础素材 >Ch04>06"文件。选中多个图形，如图 4-123 所示。选择"修改 > 组合"命令，或按 Ctrl+G 组合键，将选中的图形进行组合，如图 4-124 所示。

图 4-123　　　　　　　　　　　图 4-124

◎ 分离对象

要修改多个图形的组合，以及图像、文字或组件的一部分时，可以使用"修改 > 分离"命令。另外，制作变形动画时，需要用"分离"命令将图形的组合、图像、文字或组件转变成图形。

打开云盘中的"基础素材 >Ch04>07"文件。选中图形的组合，如图 4-125 所示。选择"修改 > 分离"命令，或按 Ctrl+B 组合键，将图形的组合分离，多次使用"分离"命令的效果如图 4-126 所示。

图 4-125　　　　　　　　　　图 4-126

◎ 叠放对象

制作复杂图形时，多个图形的叠放次序不同，会产生不同的效果，可以通过"修改 > 排列"中的命令实现不同的叠放效果。

打开云盘中的"基础素材 >Ch04>08"文件。如果要将图形移动到所有图形的底层，则选中要移动的图形，如图 4-127 所示。选择"修改 > 排列 > 移至底层"命令，效果如图 4-128 所示。

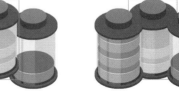

图 4-127　　　　　　　图 4-128

提示　叠放对象只能是图形的组合或组件。

◎ 对齐对象

当选择多个图形的组合、图像、组件时，可以通过"修改 > 对齐"中的命令调整它们的相对位置。

如果要将多个图形的底部对齐，则选中多个图形，如图 4-129 所示。选择"修改 > 对齐 > 底对齐"命令，效果如图 4-130 所示。

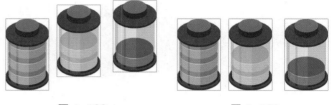

图 4-129　　　　　　　　图 4-130

4.2.4 任务实施

（1）在欢迎页的"详细信息"栏中，将"宽"设为 800，"高"设为 527，在"平台类型"下拉列表框中选择"ActionScript 3.0"选项，单击"创建"按钮，完成文件的创建。

（2）在"库"面板中创建图形元件"文字"，如图 4-131 所示，舞台随之转换为图形元件的舞台。将"图层_1"图层重命名为"文字"，如图 4-132 所示。选择文本工具 T，在文本工具的"属性"面板中进行设置，在舞台中适当的位置输入大小为 137，字体为"方正汉真广标"的黑色文字，文字效果如图 4-133 所示。选择选择工具 ▶，在舞台中选中文字，按两次 Ctrl+B 组合键，将文字分离。

图 4-131　　　　　　　　图 4-132　　　　　　　　图 4-133

（3）选择多边形工具 ，依次单击圈选"万"字右下角的笔画，如图 4-134 所示。按 Delete 键将其删除，效果如图 4-135 所示。

（4）选择选择工具 ▶，在"升"字的右上角拖曳出一个矩形，如图 4-136 所示。松开鼠标将其选中，按 Delete 键将其删除，效果如图 4-137 所示。用相同的方法制作出图 4-138 所示的效果。

万　万　升网　升网　万升网络

图4-134 　　图4-135 　　图4-136 　　图4-137 　　图4-138

（5）在"时间轴"面板中创建新图层并将其重命名为"文字装饰"。选择文本工具 T ，在文本工具的"属性"面板中进行设置，在舞台中适当的位置输入大小为116，字体为"Blippo Blk BT"的黑色英文，文字效果如图4-139所示。

（6）选择选择工具 ▶ ，选中字母"e"，将其拖曳到"络"字的右下方，按Ctrl+B组合键将其分离，取消选择，效果如图4-140所示。

（7）选择任意变形工具 ⊡ ，选中字母"e"，字母周围会出现控制点，如图4-141所示。选中下侧中间的控制点并将其向上拖曳到适当的位置，改变字母的高度，效果如图4-142所示。

e　　络　　络　　络

图4-139 　　图4-140 　　图4-141 　　图4-142

（8）在"时间轴"面板中创建新图层并将其重命名为"钢笔装饰"。选择钢笔工具 ✑ ，在钢笔工具的"属性"面板中，将"笔触颜色"设为红色（#FF0000），"笔触"设为1，在"万"字的右下方单击，设置起始点，如图4-143所示。在空白处单击，设置第2个控制点，按住鼠标左键，向左上方拖曳控制手柄，以改变路径的弯度，效果如图4-144所示。使用相同的方法，应用钢笔工具 ✑ 绘制出图4-145所示的边线效果。

万　万　万升网络

图4-143 　　图4-144 　　　　图4-145

（9）选择颜料桶工具 ◢ ，在工具箱中将"填充颜色"设为黑色，在边线内部单击，填充图形，如图4-146所示。选择选择工具 ▶ ，双击边线将其选中，按Delete键将其删除，效果如图4-147所示。

万升网络　　　万升网络

图4-146 　　　　　　图4-147

（10）在"时间轴"面板中创建新图层并将其重命名为"无线图标"。选择椭圆工具 ◯ ，在工具箱中将"笔触颜色"设为无，"填充颜色"设为黑色，在"升"字的右上方绘制一个圆形，如图4-148所示。

图4-148

（11）选择基本椭圆工具 ，在基本椭圆工具的"属性"面板中，将"笔触颜色"设为黑色，"填充颜色"设为无，"笔触"设为4，其他选项的设置如图4-149所示。在"升"字的右上方绘制一个开放弧，如图4-150所示。使用相同的方法绘制出图4-151所示的效果。

图 4-149　　　　　图 4-150　　　图 4-151

（12）单击舞台左上方的场景名称"场景1"，进入"场景1"的舞台。将"图层—1"图层重命名为"底图"。按 Ctrl+R 组合键，在弹出的"导入"对话框中选择"Ch04> 素材 >4.2- 制作万升网络标志 >01"文件，单击"打开"按钮，文件被导入舞台中，效果如图4-152所示。

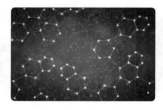

图 4-152　　　　　　　　图 4-153

（13）在"时间轴"面板中创建新图层并将其重命名为"标志"。将"库"面板中的图形元件"文字"拖曳到舞台中，如图4-153所示。

（14）选择选择工具 ，在舞台中选中"文字"实例，在图形"属性"面板中选择"色彩效果"选项组，在"样式"下拉列表框中选择"色调"选项，各选项的设置如图4-154所示，舞台中的效果如图4-155所示。

图 4-154　　　　　　　　图 4-155

（15）在"时间轴"面板中创建新图层并将其重命名为"变色"。将"库"面板中的图形元件"文字"再次拖曳到舞台中，并将其放置到适当的位置，使标志产生阴影效果，如图4-156所示。按两次 Ctrl+B 组合键，将其分离。选择"修改 >形状 >将线条转换为填充"命令，将线条转为填充色块。

（16）选择"窗口 >颜色"命令，弹出"颜色"面板，单击"填充颜色"按钮 ，在"颜色类型"下拉列表框中选择"线性渐变"选项，在色带上设置3个控制点。将渐变色设为从紫色（#30278B）到洋红色（#A82388）再到红色（# D80E19），如图4-157所示。

（17）选择颜料桶工具 ，在文字上从上向下拖曳。松开鼠标后，文字被填充渐变色，效果如图4-158所示。万升网络标志制作完成，按 Ctrl+Enter 组合键即可查看效果。

图4-156

图4-157

图4-158

4.2.5　扩展实践：制作教育机构标志

使用文本工具输入需要的文字，使用分离命令将文字分离，使用封套命令对文字进行变形。最终效果参看云盘中的"Ch04> 效果 >4.2.5 扩展实践：制作教育机构标志"，如图4-159所示。

制作教育机构标志

图4-159

任务 4.3　项目演练：制作电子竞技动态标志

4.3.1　任务引入

手柄电子是一家电子竞技俱乐部，成立不到一年时间，战队的竞技实力迅速上升，接连获得几届电子竞技比赛冠军，并晋级世界总决赛。本任务要求读者为俱乐部设计一个标志，要求体现出电子竞技的特色。

制作电子竞技动态标志

4.3.2　设计理念

使用图形和文字的结合作为标志，符合时下年轻人喜爱的风格特色；使用蓝色系颜色体现出俱乐部沉着、冷静的理念，蓝色与白色的搭配使标志看起来干净清爽，符合俱乐部的形象。最终效果参看云盘中的"Ch04> 效果 >4.3- 制作电子竞技动态标志"，如图4-160所示。

图4-160

项目5

制作网络广告
——广告设计

05

在现代社会中，信息传递的速度日益加快，信息的传播方式也多种多样。广告依托各种信息传递媒介存在于人们日常生活的方方面面，已成为社会生活中不可缺少的一个组成部分。广告具有时效性强、受众广泛、宣传力度大的特点。通过本项目的学习，读者可以掌握广告的设计方法和制作技巧。

学习引导

知识目标
- 了解广告的概念及功能；
- 掌握广告的特点。

能力目标
- 熟悉广告的设计思路和过程；
- 掌握广告的制作方法和技巧。

素养目标
- 培养对广告的设计创作能力；
- 培养对广告的审美与鉴赏能力。

实训任务
- 制作运动鞋广告；
- 制作液晶电视广告；
- 制作汉堡广告。

相关知识：广告设计基础

1 广告的概念

广告从广义上讲是指向公众通知某一件事并最终达到广而告之的目的。狭义上的广告主要指盈利性的广告，即广告主为了某种特定的需要，通过各种媒介，耗费一定的费用，公开且广泛地向公众传递某种信息并最终从中获利的宣传手段，如图 5-1 所示。

图 5-1

2 广告的功能

现代广告的形式多元、种类多样，不同目的、不同性质的广告其功能也各自有着一定的针对性。但总体来看，现代广告的主要功能有：交流功能、经济功能、社会功能、宣传功能、心理功能、美学功能等，如图 5-2 所示。

图 5-2

3 广告的特点

成功的广告一般具备几个共同的特点，包括广告自身具有强大的吸引力，艺术手法有助于突出广告的主题，广告的主题明确、内容通俗易懂，广告效应与预期目标一致，如图 5-3 所示。

图 5-3

任务 5.1   制作运动鞋广告

制作运动鞋广告

5.1.1   任务引入

本任务要求读者了解如何导入图像素材；然后通过制作运动鞋广告，掌握服饰类广告的制作技巧与设计思路。设计要求以低帮运动鞋为主题，以全新的设计理念和独特的表现手法宣传新款产品。

5.1.2   设计理念

使用实景作为背景营造出清新舒适的感觉；产品与展示台的完美结合和创意设计，在突出宣传主体的同时，展现出产品的品质和梦幻、知性的特色，加深了顾客的印象；醒目的产品名称起到装饰作用，且宣传性强。最终效果参看云盘的"Ch05> 效果 >5.1- 制作运动鞋广告"，如图 5-4 所示。

图 5-4

5.1.3 任务知识：导入图像素材

1 图像素材的格式

在 Animate CC 2019 中可以导入各种文件格式的矢量图和位图。矢量图格式包括 AI 格式、EPS 格式和 PDF 格式，位图格式包括 JPG、GIF、PNG、BMP 等格式。

● **AI 格式：** 此格式的文件支持对曲线、线条样式和填充信息进行非常精确的转换。

● **JPG 格式：** 一种压缩格式，可以应用不同的压缩比例对文件进行压缩。压缩后，文件质量损失小，文件量大大减少。

● **GIF 格式：** 位图交换格式，是一种 256 色的位图格式，压缩率略低于 JPG 格式。

● **PNG 格式：** 能把位图文件压缩到极限以利于网络传输，能保留所有与位图品质有关的信息。PNG 格式支持透明位图。

● **BMP 格式：** 在 Windows 环境下使用最为广泛，而且使用时最不容易出问题。但由于BMP 格式的文件量较大，一般在网上传输时不考虑该格式。

2 导入图像素材

Animate CC 2019 可以识别多种不同的位图和矢量图的文件格式，可以通过导入或粘贴的方法将素材导入 Animate CC 2019 中。

◎ 导入到舞台

（1）导入位图到舞台：当导入位图到舞台上时，舞台上将显示出该位图，同时位图会保存在"库"面板中。

选择"文件 > 导入 > 导入到舞台"命令，弹出"导入"对话框。在对话框中选中要导入的位图图片"01"，如图 5-5 所示。单击"打开"按钮，弹出提示对话框，如图 5-6 所示。

图 5-5

图 5-6

如果单击"否"按钮，选择的位图图片"01"会被导入舞台上，这时，舞台、"库"面板和"时间轴"面板分别如图 5-7 ～图 5-9 所示。

图 5-7　　　　　　　　　　　　图 5-8　　　　　　　　　　　　图 5-9

如果单击"是"按钮，位图图片"01～05"全部被导入舞台上，这时，舞台、"库"面板和"时间轴"面板分别如图 5-10～图 5-12 所示。

图 5-10　　　　　　　　　　　图 5-11　　　　　　　　　　　图 5-12

提示

可以用各种方式将多种位图导入 Animate CC 2019；也可以在 Animate CC 2019 中启动 Fireworks 或其他外部图像编辑器，从而在这些编辑器中修改导入的位图。可以对导入的位图应用压缩和消除锯齿功能，以控制位图在 Animate CC 2019 中的大小和外观；还可以将导入的位图填充到对象中。

（2）导入矢量图到舞台：当导入矢量图到舞台上时，舞台上将显示出该矢量图，但矢量图并不会被保存到"库"面板中。

选择"文件＞导入＞导入到舞台"命令，弹出"导入"对话框，在对话框中选中需要的文件，如图 5-13 所示。单击"打开"按钮，弹出"将'06.ai'导入到舞台"对话框，如图 5-14 所示，单击"导入"按钮，矢量图被导入舞台上，如图 5-15 所示。此时可以发现"库"面板中并没有保存矢量图"床铺"。

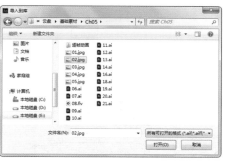

图 5-13　　　　　　　　　　　　　图 5-14　　　　　　　　　　　　图 5-15

◎ 导入到库

（1）导入位图到库：当导入位图到"库"面板时，位图不在舞台上显示，只在"库"面板中显示。

选择"文件＞导入＞导入到库"命令，弹出"导入到库"对话框，在对话框中选中"02"文件，如图 5-16 所示。单击"打开"按钮，位图被导入"库"面板中，如图 5-17 所示。

图 5-16　　　　　　　　　　　　　　　图 5-17

（2）导入矢量图到库：当导入矢量图到"库"面板时，矢量图不在舞台上显示，只在"库"面板中显示。

选择"文件＞导入＞导入到库"命令，弹出"导入到库"对话框，在对话框中选中"07"文件，如图 5-18 所示。单击"打开"按钮，弹出"将'07.ai'导入到库"对话框，如图 5-19 所示。单击"导入"按钮，矢量图被导入"库"面板中，如图 5-20 所示。

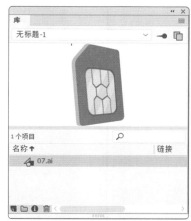

图 5-18　　　　　　　　　　　　图 5-19　　　　　　　　　　　　图 5-20

◎ 外部粘贴

可以将其他程序或文件中的位图粘贴到 Animate CC 2019 的舞台中，具体方法为：在其他程序或文件中复制位图，选中 Animate CC 2019 文件，按 Ctrl+V 组合键粘贴复制的位图，位图将出现在 Animate CC 2019 文件的舞台中。

❸ 设置导入位图属性

对于导入的位图，用户可以根据需要消除锯齿从而平滑位图的边缘，或选择压缩选项以减小位图文件的大小，或格式化文件以便其在 Web 上显示。这些操作都需要在"位图属性"对话框中进行。

在"库"面板中双击位图图标，如图 5-21 所示，弹出"位图属性"对话框，如图 5-22 所示。

图 5-21

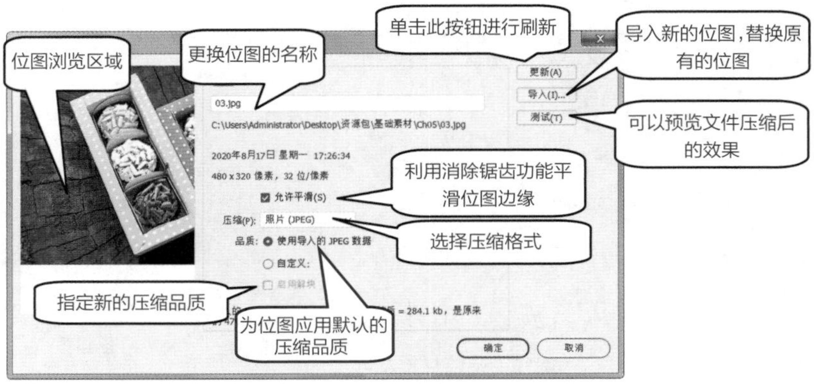

图 5-22

❹ 将位图转换为图形

使用 Animate CC 2019 可以将位图分离为可编辑的图形，分离后的位图仍然保留它原来的细节。分离位图后，可以使用绘画工具和涂色工具来选择和修改位图的区域。

在舞台中导入位图，选择画笔工具 ✎，在位图上绘制线条，如图 5-23 所示。松开鼠标后，线条只能在位图下方显示，如图 5-24 所示。

图 5-23

图 5-24

选中位图，选择"修改 > 分离"命令，或按 Ctrl+B 组合键，将位图分离，效果如图 5-25 所示。选择画笔工具 ✎，在图形上进行绘制，如图 5-26 所示。

图 5-25 图 5-26

选择选择工具，改变图形的形状或删减图形，如图 5-27 和图 5-28 所示。选择橡皮擦工具，擦除图形，如图 5-29 所示。

图 5-27 图 5-28 图 5-29

选择墨水瓶工具，为图形添加外边框，如图 5-30 所示。选择魔术棒工具，在图形的红色的糖果上单击，将图形上的红色部分选中，如图 5-31 所示。按 Delete 键，删除选中的红色部分，如图 5-32 所示。

图 5-30 图 5-31 图 5-32

提示

将位图转换为图形后，图形不再链接到"库"面板中的位图组件。也就是说，当修改分离后的图形时，不会对"库"面板中相应的位图组件产生影响。

5 将位图转换为矢量图

选中图 5-33 所示的位图，选择"修改 > 位图 > 转换位图为矢量图"命令，弹出"转换位图为矢量图"对话框，设置数值后，如图 5-34 所示。单击"确定"按钮，将位图转换为矢量图，如图 5-35 所示。

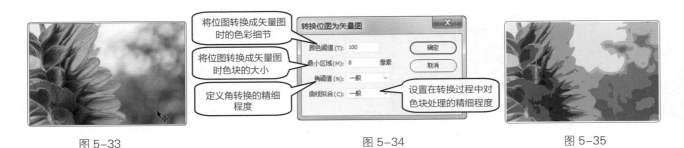

图 5-33　　　　　　　　　　　　　　图 5-34　　　　　　　　　　　　　　图 5-35

在"转换位图为矢量图"对话框中，设置不同的阈值，产生的效果也不相同，如图 5-36 所示。

图 5-36

将位图转换为矢量图后，可以用颜料桶工具 为其重新填色。

选择颜料桶工具 ，将"填充颜色"设为黄色，在向日葵的花瓣区域单击，将花瓣区域填充为黄色，如图 5-37 所示。

将位图转换为矢量图后，还可以用滴管工具 对图形进行采样，然后将采样的颜色用作填充颜色。

选择滴管工具 ，鼠标指针变为 ，在绿色的叶子上单击，吸取绿色的颜色值，如图 5-38 所示。吸取后，鼠标指针变为 ，在黄色花瓣上单击，用绿色进行填充，将黄色区域全部转换为绿色，如图 5-39 所示。

图 5-37　　　　　　　　　　　　　　图 5-38　　　　　　　　　　　　　　图 5-39

6 **测试动画**

在制作完动画后，要对其进行测试。可以通过以下几种方法来测试动画。

◎ 应用"播放"命令

选择"控制 > 播放"命令，或按 Enter 键，对当前舞台中的动画进行测试。在"时间轴"面板中，可以看见播放头在运动。随着播放头的运动，舞台中显示出播放头经过的帧上的内容。

◎ 应用"测试影片"命令

选择"控制 > 测试影片"命令，或按 Ctrl+Enter 组合键，进入动画测试窗口，对动画作品的多个场景进行连续的测试。

◎ 应用"测试场景"命令

选择"控制 > 测试场景"命令，或按 Ctrl+Alt+Enter 组合键，进入动画测试窗口，测试当前舞台中显示的场景或元件中的动画。

5.1.4 任务实施

（1）选择"文件 > 新建"命令，弹出"新建文档"对话框。在"详细信息"栏中，将"宽"设为 1920，"高"设为 1000，在"平台类型"下拉列表框中选择"ActionScript 3.0"选项。单击"创建"按钮，完成文件的创建。

（2）选择"文件 > 导入 > 导入到库"命令，在弹出的"导入到库"对话框中，选择云盘中的"Ch05> 素材 >5.1- 制作运动鞋广告 >01~04"文件，单击"打开"按钮，文件将被导入"库"面板中，如图 5-40 所示。

（3）将"图层 _1"图层重命名为"底图"。将"库"面板中的位图"01"拖曳到舞台中，并放置在与舞台中心重叠的位置，如图 5-41 所示。

图 5-40

图 5-41

（4）在"时间轴"面板中创建新图层并将其重命名为"鞋子"，如图 5-42 所示。将"库"面板中的位图"02"拖曳到舞台中，并放置在适当的位置，如图 5-43 所示。

图 5-42

图 5-43

（5）选择"修改>位图>转换位图为矢量图"命令，弹出"转换位图为矢量图"对话框，在对话框中进行设置，如图 5-44 所示。单击"确定"按钮，效果如图 5-45 所示。

图 5-44

图 5-45

（6）在"时间轴"面板中创建新图层并将其重命名为"装饰"。将"库"面板中的位图"03"拖曳到舞台中，并放置在适当的位置，如图 5-46 所示。

（7）在"时间轴"面板中创建新图层并将其重命名为"文字"。将"库"面板中的位图"04"拖曳到舞台中，并放置在适当的位置，如图 5-47 所示。运动鞋广告制作完成，按 Ctrl+Enter 组合键即可查看效果。

图 5-46

图 5-47

5.1.5 扩展实践：制作啤酒广告

使用"导入到库"命令将素材导入"库"面板中，使用"转换位图为矢量图"命令将位图转换为矢量图。最终效果参看云盘中的"Ch05> 效果 >5.1.5 扩展实践：制作啤酒广告"，如图 5-48 所示。

制作啤酒广告

图 5-48

任务 5.2 制作液晶电视广告

制作液晶电视广告

5.2.1 任务引入

多维有限公司是一家电商用品零售企业，贩售各种家电、配件、浴室和厨房用品等。现因春节即将来临，该公司需要制作一个新年宣传片，用于宣传新款液晶电视。本任务要求读者首先了解如何导入视频素材；然后通过制作液晶电视广告掌握家电类广告的制作技巧与设计思路。设计要求具有浓郁的传统色彩，体现产品的优惠力度，充分表达本次活动的宣传主题和特点。

5.2.2 设计理念

红色的背景和白色的文字搭配自然，具有浓郁的节日色彩；将产品图像放在主要位置，突出产品的宣传，能引导人们去关注宣传主体。最终效果参看云盘中的"Ch05>效果>5.2-制作液晶电视广告"，如图5-49所示。

图 5-49

5.2.3 任务知识：导入视频素材

❶ 视频素材的格式

Animate CC 2019 对导入的视频格式重新做了调整，可以导入 FLV、F4V、MP4 和 MOV 等格式的视频。其中导入 MP4 和 MOV 格式的视频需要使用播放组件加载，FLV 格式的视频是当前网页视频的主流。

❷ 导入视频素材

FLV 格式的文件可以导入或导出带编码音频的静态视频流，适用于通信应用程序，如视频会议或包含从 Macromedia Flash Media Server 中导出的屏幕共享编码数据的文件。

要导入 FLV 格式的文件，可以选择"文件 > 导入 > 导入视频"命令，弹出"导入视频"对话框，单击"浏览 ..."按钮，在弹出的"打开"对话框中选择要导入的 FLV 影片，如图 5-50所示。单击"打开"按钮，返回到"导入视频"对话框，在对话框中选择"从 SWF 中嵌入 FLV 并在时间轴中播放"单选按钮，如图 5-51 所示。

图 5-50

图 5-51

单击"下一步"按钮，进入"嵌入"界面，如图 5-52 所示。单击"下一步"按钮，进入"完成视频导入"界面，如图 5-53 所示。单击"完成"按钮，完成视频的编辑，效果如图 5-54 所示。此时，"时间轴"和"库"面板中的效果如图 5-55 和图 5-56 所示。

图 5-52

图 5-53

图 5-54

图 5-55

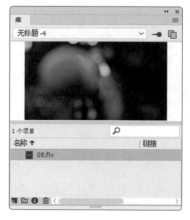

图 5-56

③ 视频的属性

在嵌入的视频"属性"面板中可以更改嵌入的视频的属性。选中视频，选择"窗口 > 属性"命令，弹出嵌入的视频"属性"面板，如图 5-57 所示。

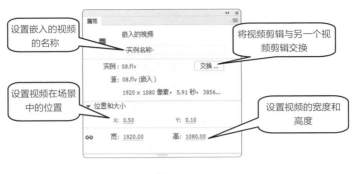

设置嵌入的视频的名称

将视频剪辑与另一个视频剪辑交换

设置视频在场景中的位置

设置视频的宽度和高度

图 5-57

5.2.4 任务实施

（1）在欢迎页的"详细信息"栏中，将"宽"设为800，"高"设为500，在"平台类型"下拉列表框中选择"ActionScript 3.0"选项，单击"创建"按钮，完成文件的创建。

图 5-58

（2）将"图层_1"图层重命名为"底图"。按 Ctrl+R 组合键，在弹出的"导入"对话框中选择云盘中的"Ch05>素材>5.2-制作液晶电视广告>01"文件，单击"打开"按钮，文件将被导入舞台中，效果如图 5-58 所示。

（3）在"时间轴"面板中创建新图层并将其重命名为"视频"。选择"文件>导入>导入视频"命令，在弹出的"导入视频"对话框中单击"浏览..."按钮，在弹出的"打开"对话框中，选择云盘中的"Ch05>素材>5.2-制作液晶电视广告>02"文件，如图 5-59 所示。单击"打开"按钮，返回到"导入视频"对话框，选择"在 SWF 中嵌入 FLV 并在时间轴中播放"单选按钮，如图 5-60 所示。

图 5-59

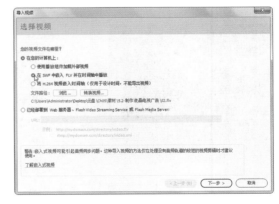

图 5-60

（4）单击"下一步"按钮，进入"嵌入"界面，设置如图 5-61 所示。单击"下一步"按钮，进入"完成视频导入"界面，如图 5-62 所示，单击"完成"按钮完成视频的导入，"02"视频文件将被导入舞台中，如图 5-63 所示。选中"底图"图层的第 250 帧，按 F5 键，插入普通帧，如图 5-64 所示。

图 5-61

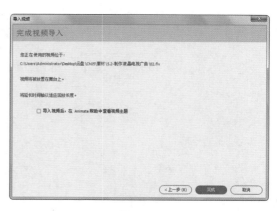

图 5-62

图 5-63

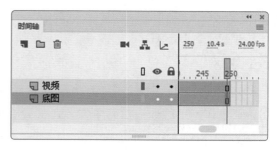

图 5-64

（5）保持视频的选中状态，按 Ctrl+T 组合键，弹出"变形"面板。单击"约束"按钮 ∞，取消比例约束，将"缩放宽度"设为 74%，"缩放高度"设为 80%，效果如图 5-65 所示。

（6）在嵌入的视频"属性"面板中，将"X"设为 363.5，"Y"设为 154.8，如图 5-66 所示，效果如图 5-67 所示。

图 5-65

图 5-66

图 5-67

（7）在"时间轴"面板中创建新图层并将其重命名为"边框"。选择矩形工具 ▢，在矩形工具"属性"面板中，将"笔触颜色"设为黑色，"填充颜色"设为无，"笔触"设为 5，单击工具箱下方的"对象绘制"按钮 ▣，在舞台中绘制 1 个矩形。

（8）选择选择工具 ▶，选中绘制的矩形，在绘制对象"属性"面板中，将"宽"设为 362，"高"设为 205，"X"设为 364，"Y"设为 156，如图 5-68 所示，效果如图 5-69 所示。

液晶电视广告制作完成，按 Ctrl+Enter 组合键即可查看效果。

图 5-68

图 5-69

5.2.5 扩展实践：制作旅游广告

使用"导入视频"命令导入视频，使用任意变形工具调整视频的大小。最终效果参看云盘中的"Ch05>效果 >5.2.5 扩展实践：制作旅游广告"，如图 5-70 所示。

制作旅游广告

图 5-70

任务 5.3   制作汉堡广告

5.3.1 任务引入

快乐美食是一家中小型西餐厅，主打菜品为种类丰富的汉堡、比萨、牛排、意大利面、甜品和饮品等。本任务要求读者首先了解如何创建元件、补间动画和补间形状；然后通过制作汉堡广告，掌握餐饮类广告的制作技巧与设计思路。设计要求画面主题明确，风格简约，能够突出产品特色。

制作汉堡广告

5.3.2 设计理念

通过简约的页面设计，给人直观的印象；产品图片的展示让人一目了然，突出主题；文字的精巧设计令广告更具艺术感。最终效果参看云盘中的"Ch05>效果 >5.3- 制作汉堡广告"，如图 5-71 所示。

图 5-71

5.3.3　任务知识：创建元件、补间动画和补间形状

1 创建图形元件

选择"插入 > 新建元件"命令，或按 Ctrl+F8 组合键，弹出"创建新元件"对话框。在"名称"文本框中输入"音乐播放器"，在"类型"下拉列表框中选择"图形"选项，如图 5-72 所示。

图 5-72

单击"确定"按钮，创建一个新的图形元件"音乐播放器"。图形元件的名称将出现在舞台的左上方，舞台切换到了图形元件"音乐播放器"的舞台，舞台中间会出现"＋"，代表图形元件的中心定位点，如图 5-73 所示。在"库"面板中会显示出图形元件，如图 5-74 所示。

选择"文件 > 导入 > 导入到舞台"命令，在弹出的"导入"对话框中，选择云盘中的"基础素材 >Ch05>09"文件。单击"打开"按钮，弹出"将'09.ai'导入到库"对话框，单击"导入"按钮，文件将被导入舞台中，如图 5-75 所示，完成图形元件的创建。单击舞台左上方的场景名称"场景 1"就可以返回到场景的编辑舞台。

图 5-73　　　　　　　　　　图 5-74　　　　　　　　　　图 5-75

也可以用"库"面板创建图形元件。单击"库"面板右上方的按钮≡，在弹出式菜单中选择"新建元件"命令，弹出"创建新元件"对话框。在"类型"下拉列表框中选择"图形"选项，单击"确定"按钮，创建图形元件。还可以在"库"面板中创建按钮元件或影片剪辑元件。

2 创建按钮元件

Animate CC 2019 中提供了一些简单的按钮，如果需要复杂的按钮，可以自行创建。

选择"插入 > 新建元件"命令，弹出"创建新元件"对话框。在"名称"文本框中输入"动作"，在"类型"下拉列表框中选择"按钮"选项，如图 5-76 所示。

单击"确定"按钮，创建一个新的按钮元件"动作"。按钮元件的名称将出现在舞台的左上方，舞台切换到了按钮元件"动作"的舞台，舞台中间会出现"＋"，代表按钮元件的中心定位点。在"时间轴"面板中会显示出 4 个状态帧："弹起""指针经过""按下""点击"，如图 5-77 所示。

图 5-76

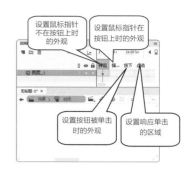

图 5-77

"库"面板中的效果如图 5-78 所示。

选择"文件 > 导入 > 导入到舞台"命令,弹出"导入"对话框。选择云盘中的"基础素材 > Ch05 > 10"文件,单击"打开"按钮,弹出提示对话框。单击"否"按钮,弹出"将'10.ai'导入到库"对话框,单击"导入"按钮,将素材导入舞台中,效果如图 5-79 所示。在"时间轴"面板中选中"指针经过"状态帧,按 F7 键,插入空白关键帧,如图 5-80 所示。

图 5-78

图 5-79

图 5-80

选择"文件 > 导入 > 导入到库"命令,弹出"导入到库"对话框。选择云盘中的"基础素材 >Ch05>11、12"文件,单击"打开"按钮,弹出提示对话框,单击"导入"按钮,将素材导入"库"面板中,效果如图 5-81 所示。将"库"面板中的图形元件"11"拖曳到舞台中,并放置在适当的位置,如图 5-82 所示。

在"时间轴"面板中选中"按下"状态帧,按 F7 键,插入空白关键帧。将"库"面板中的图形元件"12"拖曳到舞台中,并放置在适当的位置,如图 5-83 所示。

图 5-81

图 5-82

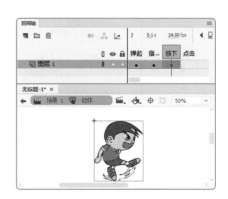

图 5-83

在"时间轴"面板中选中"点击"状态帧，按F7键，插入空白关键帧，如图5-84所示。选择矩形工具▢，在工具箱中将"笔触颜色"设为无，"填充颜色"设为黑色，在中心定位点上绘制出1个矩形，作为单击时响应的区域，如图5-85所示。

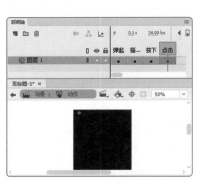

图 5-84　　　　　　　　　　　　　　　　图 5-85

按钮元件创建完成，在各关键帧上，舞台中显示的图形如图5-86所示。单击舞台左上方的场景名称"场景1"，就可以返回到场景1的编辑舞台。

（a）弹起关键帧　　　（b）指针经过关键帧　　　（c）按下关键帧　　　（d）点击关键帧

图 5-86

③ 创建影片剪辑元件

选择"插入＞新建元件"命令，或按Ctrl+F8组合键，弹出"创建新元件"对话框。在"名称"文本框中输入"变形"，在"类型"下拉列表框中选择"影片剪辑"选项，如图5-87所示。

单击"确定"按钮，创建一个新的影片剪辑元件"变形"。影片剪辑元件的名称将出现在舞台的左上方，舞台切换到了影片剪辑元件"变形"的舞台，舞台中间出现"＋"，代表影片剪辑元件的中心定位点，如图5-88所示。"库"面板中会显示出影片剪辑元件，如图5-89所示。

图 5-87　　　　　　　　　　图 5-88　　　　　　　　　　图 5-89

选择"文件 > 导入 > 导入到舞台"命令，在弹出的"导入"对话框中选择云盘中的"基础素材 >Ch05>13"文件。单击"打开"按钮，弹出提示对话框，单击"否"按钮，弹出"将'13.ai'导入到库"对话框，单击"导入"按钮，文件将被导入舞台中，如图 5-90 所示。按 Ctrl+B 组合键，将其分离，效果如图 5-91 所示。

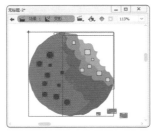
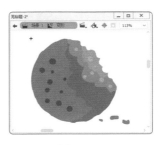

图 5-90　　　　　　　　　　　图 5-91

选择"文件 > 导入 > 导入到库"命令，在弹出的"导入到库"对话框中选择云盘中的"基础素材 >Ch05>14"文件。单击"打开"按钮，弹出"将'14.ai'导入到库"对话框，单击"导入"按钮，文件将被导入"库"面板中，如图 5-92 所示。

在"时间轴"面板中，选中"图层 _1"图层的第 20 帧，按 F7 键，插入空白关键帧。将"库"面板中的图形元件"14"拖曳到舞台中，并放置在适当的位置，如图 5-93 所示。多次按 Ctrl+B 组合键，将其分离，效果如图 5-94 所示。

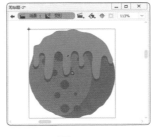
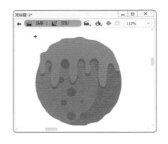

图 5-92　　　　　　　图 5-93　　　　　　　图 5-94

在"时间轴"面板中，选中"图层 _1"图层的第 1 帧，单击鼠标右键，在弹出的快捷菜单中选择"创建补间形状"命令，如图 5-95 所示。

在"时间轴"面板中将出现箭头标志线，如图 5-96 所示。

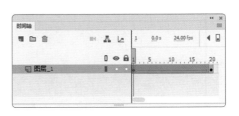

图 5-95　　　　　　　　　　　图 5-96

影片剪辑元件创建完成，在不同的关键帧上，舞台中会显示出不同的变形图形，如图 5-97 所示。单击舞台左上方的场景名称"场景 1"就可以返回到场景的编辑舞台。

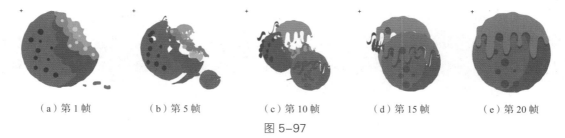

（a）第1帧　　　（b）第5帧　　　（c）第10帧　　　（d）第15帧　　　（e）第20帧

图 5-97

④ 转换元件

◎ 将图形转换为图形元件

如果在舞台上已经创建好了矢量图形并且以后还要再次应用，可将其转换为图形元件。

打开云盘中的"基础素材 >Ch05>15"文件。选中舞台中的矢量图形，如图 5-98 所示。

选择"修改 > 转换为元件"命令，或按 F8 键，弹出"转换为元件"对话框。在"名称"文本框中输入要转换为元件的名称，在"类型"下拉列表框中选择"图形"选项，如图 5-99 所示。单击"确定"按钮，矢量图被转换为图形元件，舞台和"库"面板中的效果如图 5-100 和图 5-101 所示。

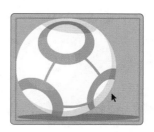

图 5-98

图 5-99

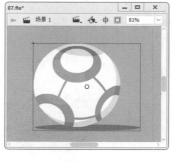

图 5-100

图 5-101

◎ 设置图形元件的中心点

选中矢量图形，选择"修改 > 转换为元件"命令，弹出"转换为元件"对话框。在对话框的"对齐"选项后有 9 个中心定位点，可以用来设置转换元件的中心定位点。选中右下方的中心定位点，如图 5-102 所示。单击"确定"按钮，矢量图形转换为图形元件后，图形元件的中心定位点在其右下方，如图 5-103 所示。

图 5-102

图 5-103

在"对齐"选项中设置不同的中心定位点，矢量图形转换为图形元件的效果如图 5-104 所示。

（a）中心定位点在左上方　　　　（b）中心定位点在左下方　　　　（c）中心定位点在右侧

图 5-104

5 **改变实例的颜色和透明效果**

打开云盘中的"基础素材 >Ch05>08"文件。在舞台中选中实例，其"属性"面板中的"样式"下拉列表框中有 5 个选项，如图 5-105 所示。

● "无"选项：表示对当前实例不进行任何更改。如果对实例设置的变化效果不满意，可以选择此选项，取消实例的变化效果，再重新设置新的变化效果。

● "亮度"选项：用于调整实例的明暗对比度。

可以在"亮度数量"文本框中直接输入数值，也可以拖曳右侧的滑块来设置数值。其默认的数值为 0，取值范围为 -100 ～ 100。当取值大于 0 时，实例变亮；当取值小于 0 时，实例变暗。

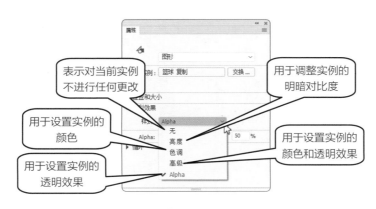

图 5-105

选择"亮度"选项，设置不同的"亮度数量"数值，实例的亮度效果如图 5-106 所示。

（a）数值为 80 时　　（b）数值为 45 时　　（c）数值为 0 时　　（d）数值为 -45 时　　（e）数值为 -80 时

图 5-106

● "色调"选项：选择该选项后，设置各个选项后实例的效果如图 5-107 所示。

 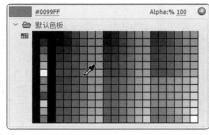 

图 5-107

● **"高级"选项**：选择该选项后，各个选项的设置如图 5-108 所示，实例的效果如图 5-109 所示。

图 5-108   图 5-109

● **"Alpha"选项**：选择该选项后，设置不同的数值，实例的不透明度效果如图 5-110 所示。

   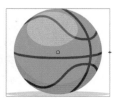

（a）数值为 30% 时   （b）数值为 60% 时   （c）数值为 80% 时   （d）数值为 100% 时

图 5-110

6 元件编辑模式

元件创建完毕后常常需要修改，此时需要进入元件编辑模式；修改完元件后又需要退出元件编辑模式，进入主场景编辑动画。

◎ 通过以下几种方式进入元件编辑模式

（1）在主场景中双击元件实例，进入元件编辑模式。

（2）在"库"面板中双击要修改的元件，进入元件编辑模式。

（3）在主场景中的元件实例上单击鼠标右键，在弹出的快捷菜单中选择"编辑"命令，进入元件编辑模式。

（4）在主场景中选择元件实例后，选择"编辑 > 编辑元件"命令，进入元件编辑模式。

◎ 通过以下几种方式退出元件编辑模式

（1）单击舞台左上方的场景名称，进入主场景。

（2）选择"编辑＞编辑文档"命令，进入主场景。

7 逐帧动画

新建空白文件，选择"文本"工具 T，在第1帧的舞台中输入"时"字，如图5-111所示。选中第2帧，如图5-112所示，按F6键，在第2帧上插入关键帧，如图5-113所示。

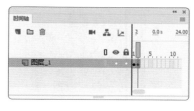

图 5-111　　　　　　　　图 5-112　　　　　　　　图 5-113

在第2帧的舞台中输入"光"字，如图5-114所示。用相同的方法在第3帧上插入关键帧，在舞台中输入"流"字，如图5-115所示。在第4帧上插入关键帧，在舞台中输入"逝"字，如图5-116所示。按 Enter 键，播放动画，观看制作效果。

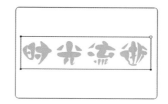

图 5-114　　　　　　　　图 5-115　　　　　　　　图 5-116

还可以通过从外部导入图片组来实现逐帧动画的效果。

选择"文件＞导入＞导入到舞台"命令，弹出"导入"对话框。在对话框中选择云盘中的"基础素材＞Ch05＞逐帧动画＞01"文件，如图5-117所示，单击"打开"按钮，弹出提示对话框，询问是否将图像序列中的所有图像导入。

单击"是"按钮，将图像序列导入舞台中，如图5-118所示。按 Enter 键，播放动画，观看制作效果。

图 5-117　　　　　　　　　　　图 5-118

⑧ 创建补间动画

补间动画是一种使用元件的动画，可以对元件进行位移、大小、旋转、透明度和颜色等设置。

打开云盘中的"基础素材 >Ch05>17"文件，如图 5-119 所示。在"时间轴"面板中创建新图层并将其重命名为"飞机"，如图 5-120 所示。将"库"面板中的图形元件"飞机"拖曳到舞台中，并放置在适当的位置，如图 5-121 所示。

图 5-119

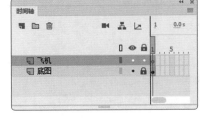
图 5-120

图 5-121

分别选中"底图"图层和"飞机"图层的第 40 帧，按 F5 键，插入普通帧。"飞机"图层的第 1 帧上单击鼠标右键，在弹出的快捷菜单中选择"创建补间动画"命令，如图 5-122 所示，创建补间动画，如图 5-123 所示。

图 5-122

补间动画创建完成后补间范围以黄色背景显示，而且只有第 1 帧为关键帧，其余帧均为普通帧。

创建补间动画后，"属性"面板中出现了多个新的选项，如图 5-124 所示。

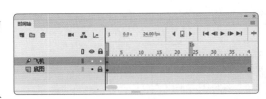
图 5-123

选中"飞机"图层的第 40 帧，在舞台中将"飞机"实例拖曳到适当的位置，如图 5-125 所示。此时在第 40 帧上会自动产生一个属性关键帧，并在舞台中显示运动轨迹。

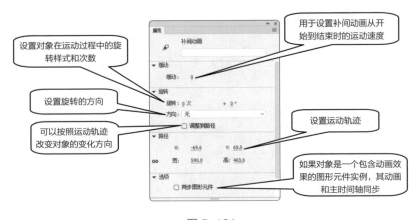
图 5-124

选择"选择"工具，将鼠标指针放置在运动轨迹上，鼠标指针变为，如图 5-126 所示，按住鼠标左键并拖曳可以更改运动轨迹，效果如图 5-127 所示。

图 5-125　　　　　　　图 5-126　　　　　　　图 5-127

按 Enter 键，播放动画，观看制作效果。

⑨ 创建补间形状

如果舞台上的对象是组件实例、多个图形的组合、文字或导入的素材对象，必须先取消组合，将其分离成图形，才能制作形状补间动画。利用这种动画，也可以实现上述对象的大小、位置、旋转、颜色及透明度等变化。

图 5-128

选择"文件 > 导入 > 导入到舞台"命令，将"18.ai"文件导入舞台的第 1 帧中。多次按 Ctrl+B 组合键，将其分离，如图 5-128 所示。选中"图层_1"图层的第 10 帧，按 F7 键，插入空白关键帧，如图 5-129 所示。

选择"文件 > 导入 > 导入到库"命令，将"19.ai"文件导入库中。将"库"面板中的图形元件"19"拖曳到第 10 帧的舞台中，多次按 Ctrl+B 组合键，将其分离，如图 5-130 所示。

图 5-129

在"图层_1"图层的第 1 帧上单击鼠标右键，在弹出的快捷菜单中选择"创建补间形状"命令，如图 5-131 所示。

设置完成后，在"时间轴"面板中，第 1 帧与第 10 帧之间会出现浅咖色的背景和黑色的箭头，表示生成形状补间动画，如图 5-132 所示。按 Enter 键，播放动画，观看制作效果。

图 5-130　　　　　　　图 5-131　　　　　　　图 5-132

在变形过程中每一帧上的图形都发生不同的变化，如图 5-133 所示。

（a）第 1 帧　　（b）第 3 帧　　（c）第 5 帧　　（d）第 7 帧　　（e）第 10 帧

图 5-133

⑩ 创建传统补间

新建空白文件，选择"文件 > 导入 > 导入到库"命令，将"20"文件导入"库"面板中，如图 5-134 所示。将"库"面板中的图形元件"20"拖曳到舞台的左下方，如图 5-135 所示。

选中第 10 帧，按 F6 键，插入关键帧，如图 5-136 所示。将图形拖曳到舞台的右上方，如图 5-137 所示。

图 5-134

图 5-135

图 5-136

图 5-137

在第 1 帧上单击鼠标右键，在弹出的快捷菜单中选择"创建传统补间"命令，创建传统补间动画。

在"时间轴"面板中，第 1 帧与第 10 帧之间出现紫色的背景和灰色的箭头，表示生成传统补间动画，完成传统补间动画的制作。按 Enter 键，播放动画，观看制作效果。

如果想观察制作的传统补间动画中每 1 帧产生的不同效果，可以单击"时间轴"面板中的"绘图纸外观"按钮 ，并将标记点的起始点设为第 1 帧，终止点设为第 10 帧，如图 5-138 所示。舞台中将显示出在不同的帧中图形位置的变化效果如图 5-139 所示。

如果在帧"属性"面板中将"旋转"设为"顺时针"，如图 5-140 所示，那么在不同的帧中，图形位置的变化效果如图 5-141 所示。

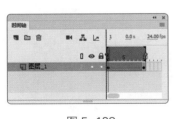

图 5-138

图 5-139

图 5-140

图 5-141

可以在对象的运动过程中改变其大小和透明度等，下面将进行介绍。

新建空白文件，选择"文件 > 导入 > 导入到库"命令，在弹出的"导入到库"对话框中选择云盘中的"基础素材 >Ch05>21"文件。单击"打开"按钮，弹出"将'21.ai'文件导入到库"对话框，单击"导入"按钮，将文件导入"库"面板，如图 5-142 所示，将图形拖曳到舞台的中心，如图 5-143 所示。

在"图层_1"图层的第10帧上单击鼠标右键，在弹出的快捷菜单中选择"插入关键帧"命令，在第10帧上插入关键帧，如图5-144所示。

图 5-142

图 5-143

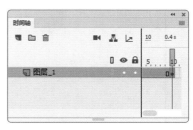
图 5-144

按Ctrl+T组合键，弹出"变形"面板，单击面板下方的"水平翻转所选内容"按钮，如图5-145所示，效果如图5-146所示。

在"变形"面板中，将"缩放宽度"和"缩放高度"均设为70%，如图5-147所示，效果如图5-148所示。

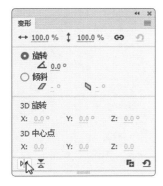
图 5-145

图 5-146

图 5-147

图 5-148

选择选择工具，在舞台中选中"21"实例，选择"窗口>属性"命令，打开图形"属性"面板。在"色彩效果"选项组中的"样式"下拉列表框中选择"Alpha"选项，拖曳滑块至20%处，如图5-149所示。

舞台中图形的不透明度被改变，如图5-150所示。在"时间轴"面板中，在"图层_1"图层的第1帧上单击鼠标右键，在弹出的快捷菜单中选择"创建传统补间"命令，第1帧与第10帧之间将生成传统补间动画，如图5-151所示。按Enter键，播放动画，观看制作效果。

图 5-149

图 5-150

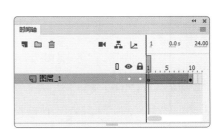
图 5-151

在不同的关键帧中，图形的变化效果如图 5-152 所示。

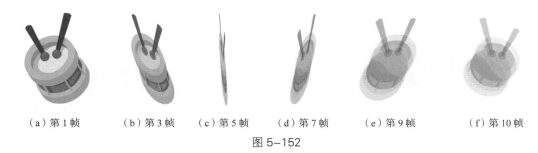

（a）第 1 帧　　　（b）第 3 帧　　（c）第 5 帧　　（d）第 7 帧　　（e）第 9 帧　　　（f）第 10 帧

图 5-152

5.3.4 任务实施

（1）选择"文件 > 新建"命令，弹出"新建文档"对话框。在"详细信息"栏中，将"宽"设为 800，"高"设为 440，"在平台类型"下拉列表框中选择"ActionScript 3.0"选项，单击"创建"按钮，完成文件的创建。

（2）选择"文件 > 导入 > 导入到库"命令，在弹出的"导入到库"对话框中选择云盘中的"Ch05> 素材 >5.3- 制作汉堡广告 >01~04"文件，单击"打开"按钮，文件将被导入"库"面板中，如图 5-153 所示。

图 5-153

（3）按 Ctrl+F8 组合键，弹出"创建新元件"对话框，在"名称"文本框中输入"底图"，在"类型"下拉列表框中选择"图形"选项。单击"确定"按钮，创建图形元件"底图"，如图 5-154 所示，舞台也随之转换为图形元件的舞台。将"库"面板中的位图"01"拖曳到舞台中，并放置在适当的位置，如图 5-155 所示。

（4）创建图形元件"汉堡"，舞台也随之转换为图形元件"汉堡"的舞台。将"库"面板中的位图"02"拖曳到舞台中，并放置在适当的位置，如图 5-156 所示。用相同的方法将位图"03"和"04"，分别制作成图形元件"文字 1"和"文字 2"，如图 5-157 和图 5-158 所示。

图 5-154

（5）单击舞台左上方的场景名称"场景 1"，进入"场景 1"的舞台。将"图层 _1"图层重新命名为"底图"。将"库"面板中的图形元件"底图"拖曳到舞台中，并放置在与舞台中心重叠的位置，如图 5-159 所示。

图 5-155

（6）选中"底图"图层的第 10 帧，按 F6 键，插入关键帧；选中第 120 帧，按 F5 键，插入普通帧。选中第 1 帧，在舞台中选中"底图"实例，在图形的"属性"面板中，选择"色彩效果"选项组，在"样式"下拉列表框中选择"Alpha"选项，将其值设为 30%，如图 5-160 所示，效果如图 5-161 所示。

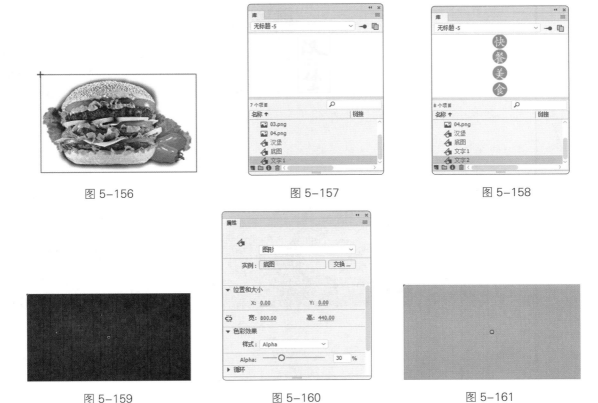

图 5-156　　　　　　　　图 5-157　　　　　　　　图 5-158

图 5-159　　　　　　　　图 5-160　　　　　　　　图 5-161

（7）在"底图"图层的第1帧上单击鼠标右键，在弹出的快捷菜单中选择"创建传统补间"命令，生成传统补间动画，如图 5-162 所示。

（8）在"时间轴"面板中创建新图层并将其重命名为"汉堡"。选中"汉堡"图层的第 10 帧，按 F6 键，插入关键帧。将"库"面板中的图形元件"汉堡"拖曳到舞台中，并放置在适当的位置，如图 5-163 所示。

（9）分别选中"汉堡"图层的第 20 帧、第 30 帧、第 40 帧，按 F6 键，插入关键帧。选中"汉堡"图层的第 10 帧，按 Ctrl+T 组合键，弹出"变形"面板，将"缩放宽度"和"缩放高度"均设为 50%，如图 5-164 所示，效果如图 5-165 所示。在舞台中将"汉堡"实例垂直向上拖曳到适当的位置，如图 5-166 所示。

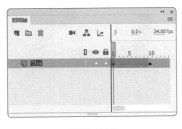

图 5-162

图 5-163

图 5-164

（10）选中"汉堡"图层的第30帧，在"变形"面板中，将"缩放宽度"和"缩放高度"均设为80%，如图5-167所示，效果如图5-168所示。在舞台中将"汉堡"实例垂直向上拖曳到适当的位置，如图5-169所示。

图 5-165

图 5-166

图 5-167

图 5-168

图 5-169

（11）分别在"汉堡"图层的第10帧、第20帧、第30帧上单击鼠标右键，在弹出的快捷菜单中选择"创建传统补间"命令，生成传统补间动画，如图5-170所示。

（12）分别选中"汉堡"图层的第50帧、第51帧、第54帧、第55帧、第58帧、第59帧、第62帧、第63帧、第66帧和第67帧，按F6键，插入关键帧，如图5-171所示。

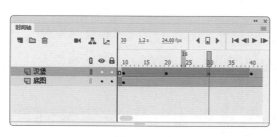
图 5-170

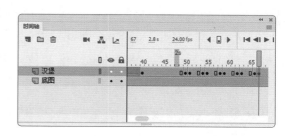
图 5-171

（13）选中"汉堡"图层的第50帧，在舞台中选中"汉堡"实例，在图形"属性"面板中，选择"色彩效果"选项组，在"样式"下拉列表框中选择"色调"选项，在右侧的颜色框中将颜色设为白色，其他选项的设置如图5-172所示，效果如图5-173所示。

（14）用上述的方法分别对"汉堡"图层的第54帧、第58帧、第62帧和第66帧中的实例进行设置。

图 5-172

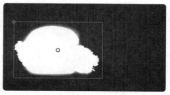
图 5-173

（15）在"时间轴"面板中创建新图层并将其重命名为"文字1"。选中"文字1"图层的第40帧，按F6键，插入关键帧。将"库"面板中的图形元件"文字1"拖曳到舞台中，并放置在适当的位置，如图 5-174 所示。

（16）选中"文字 1"图层的第 55 帧，按 F6 键，插入关键帧。选中"文字 1"图层的第 40 帧，在舞台中将"文字 1"实例水平向右拖曳到适当的位置，如图 5-175 所示。在"文字 1"图层的第 40 帧上单击鼠标右键，在弹出的快捷菜单中选择"创建传统补间"命令，生成传统补间动画。

图 5-174　　　　　　　　　　　　　图 5-175

（17）在"时间轴"面板中创建新图层并将其重命名为"文字 2"。选中"文字 2"图层的第 55 帧，按 F6 键，插入关键帧。将"库"面板中的图形元件"文字 2"拖曳到舞台中，并放置在适当的位置，如图 5-176 所示。

（18）选中"文字 1"图层的第 70 帧，按 F6 键，插入关键帧。选中"文字 2"图层的第 55 帧，在舞台中将"文字 2"实例垂直向上拖曳到适当的位置，如图 5-177 所示。在"文字 2"图层的第 55 帧上单击鼠标右键，在弹出的快捷菜单中选择"创建传统补间"命令，生成传统补间动画。汉堡广告效果制作完成，按 Ctrl+Enter 组合键即可查看效果，如图 5-178 所示。

图 5-176　　　　　　　　图 5-177　　　　　　　　　　图 5-178

5.3.5　扩展实践：制作空调扇广告

使用"导入到库"命令导入素材，使用"新建元件"命令和文本工具创建图形元件，使用"分散到图层"命令制作功能动画，使用"创建传统补间"命令制作补间动画，使用"属性"面板调整实例的透明度。最终效果参看云盘中的"Ch05> 效果 >5.3.5 扩展实践：制作空调扇广告"，如图 5-179 所示。

制作空调扇广告 1　　制作空调扇广告 2　　制作空调扇广告 3

图 5-179

任务 5.4　项目演练：制作手机广告

5.4.1　任务引入

　　米心手机专营店是一家手机专卖店。本任务要求读者制作新款手机的宣传广告，要求设计简约、大气，突出产品。

制作手机广告 1　　制作手机广告 2

5.4.2　设计理念

　　使用深色的背景突出前方的宣传主体，起到衬托的作用；产品图片和文字搭配，展现出时尚感和现代感。设计简约，空间感强，最终效果参看云盘中的"Ch05> 效果 >5.4- 制作手机广告"，如图 5-180 所示。

图 5-180

项目6

制作新媒体动图
——社交媒体动图设计

06

伴随微信、微博等社交媒体的发展，动图设计也有了更丰富的表现，其中应用最典型的就是微信公众号。在微信公众号中，表现力强的动图为用户带来了更好的视觉体验，达到了品牌宣传与增强客户黏性的目的。通过本项目的学习，读者可以掌握新媒体动图的设计方法和制作技巧。

学习引导

知识目标

- 了解动图的概念及优势；
- 了解动图的分类。

能力目标

- 熟悉动图的设计思路和过程；
- 掌握动图的制作方法和技巧。

素养目标

- 培养对动图的设计创作能力；
- 培养对动图的审美能力。

实训任务

- 制作闹钟详情页主图；
- 制作化妆品主图。

相关知识：动图设计基础

1 动图的概念

动图是动态图形的简称，是数字媒体发展中的一种视觉表现形式。动图在视觉表现上应用了插画和平面设计的方法，在技术上应用了动画制作的方法，如图6-1所示。

图6-1

2 动图的优势

动图在传播中的优势突出，可以用更多的方法丰富宣传内容，实现信息的更有效传播，提升传播的活泼性和趣味性，提高受众的审美品位，扩大传播推广的范围，如图6-2所示。

图6-2

3 动图的分类

动图在各领域被广泛应用，包括动态表情包、动态广告、动态游戏等类别，如图6-3所示。

图6-3

任务 6.1 制作闹钟详情页主图

制作闹钟详
情页主图

6.1.1 任务引入

文森艾德是一家综合网上购物平台，商品涵盖小家电、服装、百货等品类。现推出新款闹钟，要求为其设计详情页主图。本任务要求读者首先认识"动作"面板；然后通过制作闹钟详情页主图，掌握家电类详情页主图的制作技巧与设计思路。设计要符合现代设计风格，给人沉稳干净的印象。

6.1.2 设计理念

以产品图片为主体突出宣传主题；使用直观醒目的文字来说明活动详情，吸引消费者。最终效果参看云盘中的"Ch06> 效果 >6.1- 制作闹钟详情页主图"，如图 6-4 所示。

图 6-4

6.1.3 任务知识："动作"面板

选择"窗口 > 动作"命令，或按 F9 键，弹出"动作"面板，如图 6-5 所示。

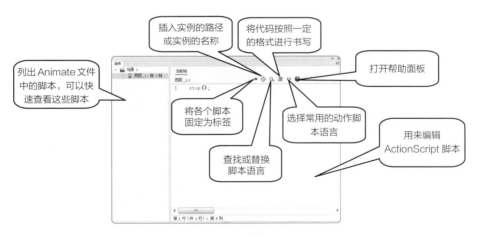

图 6-5

6.1.4 任务实施

（1）在欢迎页的"详细信息"栏中，将"宽"设为 800，"高"设为 800，在"平台类型"下拉列表框中选择"ActionScript 3.0"选项，单击"创建"按钮，完成文件的创建。

（2）选择"文件 > 导入 > 导入到库"命令，在弹出的"导入到库"对话框中选择云盘中"Ch06> 素材 >6.1- 制作闹钟详情页主图 >01 ～ 04"文件。单击"打开"按钮，文件将被导入"库"面板中，如图 6-6 所示。

（3）按 Ctrl+F8 组合键，弹出"创建新元件"对话框。在"名称"文本框中输入"时针"，在"类型"下拉列表框中选择"影片剪辑"选项，单击"确定"按钮，新建影片剪辑元件"时针"，如图 6-7 所示。舞台也随之转换为影片剪辑元件"时针"的舞台。

（4）将"库"面板中的位图"02"拖曳到舞台中，选择"任意变形"工具，将时针的下端与舞台中心点对齐（在操作过程中一定要将时针的下端与中心点对齐，否则要实现的效果将不会出现），效果如图 6-8 所示。

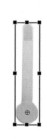

图 6-6　　　　　　　　　　图 6-7　　　　　　　　　　图 6-8

（5）按 Ctrl+F8 组合键，新建影片剪辑元件"分针"。舞台也随之转换为"分针"元件的舞台。将"库"面板中的位图"03"拖曳到舞台中，将分针的下端与舞台中心点对齐，效果如图 6-9 所示。

（6）按 Ctrl+F8 组合键，新建影片剪辑元件"秒针"，如图 6-10 所示，舞台也随之转换为"秒针"元件的舞台。将"库"面板中的位图"04"拖曳到舞台中，选择任意变形工具，将秒针的下端与舞台中心点对齐，效果如图 6-11 所示。

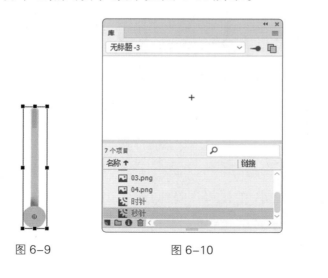

图 6-9　　　　　　　　　　图 6-10　　　　　　　　　　图 6-11

（7）单击舞台左上方的场景名称"场景1"，进入"场景1"的舞台。将"图层_1"图层重新命名为"底图"。将"库"面板中的位图"01"拖曳到舞台的中心位置，效果如图6-12所示。

（8）选中"底图"图层的第2帧，按F5键，插入普通帧。在"时间轴"面板中创建新图层并将其重命名为"文本框"。

（9）选择文本工具T，在文本工具的"属性"面板中进行设置，如图6-13所示。在舞台中绘制一个文本框，如图6-14所示。

图6-12　　　　　　　　　图6-13　　　　　　　　　图6-14

（10）选择选择工具▶，选中文本框，在文本工具的"属性"面板中的"实例名称"文本框中输入"y_txt"，如图6-15所示。用相同的方法在适当的位置再绘制3个文本框，并分别在文本工具的"属性"面板中的"实例名称"文本框中输入"m_txt""d_txt""w_txt"，舞台中的效果如图6-16所示。

（11）在"时间轴"面板中创建新图层并将其重命名为"时针"。将"库"面板中的影片剪辑元件"时针"拖曳到舞台中，将其放置在表盘上的适当位置，效果如图6-17所示。

图6-15　　　　　　　　　图6-16　　　　　　　　　图6-17

（12）在舞台中选中"时针"实例，在影片剪辑"属性"面板中的"实例名称"文本框中输入"sz_mc"，如图6-18所示。在"时间轴"面板中创建新图层并将其重命名为"分针"。将"库"面板中的影片剪辑元件"分针"拖曳到舞台中，将其放置在表盘上的适当位置，效果如图6-19所示。在舞台中选中"分针"实例，在影片剪辑"属性"面板中的"实例名称"文本框中输入"fz_mc"，如图6-20所示。

图 6-18

图 6-19

图 6-20

（13）在"时间轴"面板中创建新图层并将其重命名为"秒针"。将"库"面板中的影片剪辑元件"秒针"拖曳到舞台中，将其放置在表盘上的适当位置，效果如图 6-21 所示。在舞台中选中"秒针"实例，在影片剪辑"属性"面板中的"实例名称"文本框中输入"mz_mc"，如图 6-22 所示。

（14）在"时间轴"面板中创建新图层并将其重命名为"动作脚本"。选中"动作脚本"图层的第 1 帧，选择"窗口 > 动作"命令，弹出"动作"面板（快捷键为 F9）。在"动作"面板中设置动作脚本，如图 6-23 所示。闹钟详情页主图制作完成，按 Ctrl+Enter 键查看效果。

图 6-21

图 6-22

图 6-23

6.1.5　扩展实践：制作爱上新年公众号首图

使用椭圆工具和"颜色"面板绘制雪花图形，使用"动作"面板添加脚本。最终效果参看云盘中的"Ch06> 效果 >6.1.5 扩展实践：制作爱上新年公众号首图"，如图 6-24 所示。

制作爱上新年
公众号首图

图 6-24

任务 6.2　制作化妆品主图

制作化妆品主图

6.2.1　任务引入

DLAR 是一个涉足护肤、彩妆、香水等多个产品领域的全新年轻护肤品牌。现推出新款纯露，要求设计一款主图，用于线上宣传。本任务要求读者首先认识"对齐"面板和遮罩层；然后通过制作化妆品主图，掌握护肤品类主图的制作技巧与设计思路。设计要求符合年轻人的喜好，给人清爽干净的感觉。

6.2.2　设计理念

整体画面清新淡雅，主图的设计围绕新款纯露这一主题，使画面层次分明；使用蓝色作为主图的背景颜色，与产品颜色相呼应，给人清爽干净的感觉。最终效果参看云盘中的"Ch06> 效果 >6.2- 制作化妆品主图"，如图 6-25 所示。

图 6-25

6.2.3　任务知识：对齐面板和遮罩层

❶ 对齐面板

选择"窗口 > 对齐"命令，或按 Ctrl+K 组合键，弹出"对齐"面板，如图 6-26 所示。

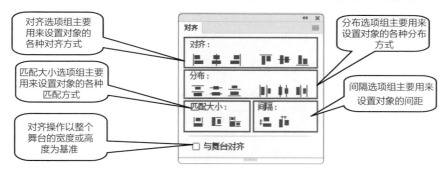

图 6-26

打开云盘中的"基础素材 >Ch06>01"文件，选中要对齐的图形，如图 6-27 所示，单击"顶对齐"按钮，图形将顶端对齐，如图 6-28 所示。

图 6-27　　　　　　　　　　　　　　　图 6-28

选中要分布的图形，如图 6-29 所示。单击"水平居中分布"按钮 ，图形将在水平方向上等间距分布，如图 6-30 所示。

图 6-29　　　　　　　　　　　　　　　　　图 6-30

选中要匹配大小的图形，如图 6-31 所示。单击"匹配高度"按钮 ，图形将在垂直方向上等尺寸变形，如图 6-32 所示。

图 6-31　　　　　　　　图 6-32

勾选"与舞台对齐"复选框前后，应用同一个命令产生的效果会不同。选中图形，如图 6-33 所示。单击"左侧分布"按钮 ，效果如图 6-34 所示。勾选"与舞台对齐"复选框，单击"左侧分布"按钮 ，效果如图 6-35 所示。

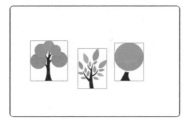　　　　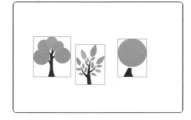　　　　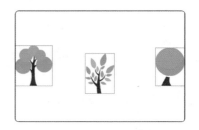

图 6-33　　　　　　　　　图 6-34　　　　　　　　　图 6-35

② 静态遮罩动画

打开云盘中的"基础素材 >Ch06>02"文件，如图 6-36 所示。在"时间轴"面板上方单击"新建图层"按钮 ，创建新的图层"图层 _3"，如图 6-37 所示。将"库"面板中的图形元件"02"拖曳到舞台中的适当位置，如图 6-38 所示。

　　　　　　　　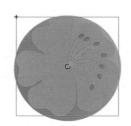

图 6-36　　　　　　　　图 6-37　　　　　　　　图 6-38

在"时间轴"面板中的"图层_3"图层上单击鼠标右键，在弹出的快捷菜单中选择"遮罩层"命令，如图 6-39 所示，将"图层 _3"图层转换为遮罩层，"图层 _1"图层转换为被遮罩层，两个图层被自动锁定，如图 6-40 所示。舞台中图形的遮罩效果如图 6-41 所示。再次选择"遮罩层"命令将取消遮罩层。

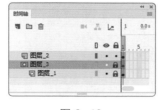

图 6-39　　　　　　　　图 6-40　　　　　　　　图 6-41

③ 动态遮罩动画

打开云盘中的"基础素材 >Ch06>03"文件，如图 6-42 所示。在"时间轴"面板上方单击"新建图层"按钮 🖿，创建新的图层并将其重命名为"剪影"。

将"库"面板中的图形元件"剪影"拖曳到舞台中的适当位置，如图 6-43 所示。选中"剪影"图层的第 10 帧，按 F6 键，插入关键帧。在舞台中将"剪影"实例水平向左拖曳到适当的位置，如图 6-44 所示。

在"剪影"图层的第 1 帧上单击鼠标右键，在弹出的快捷菜单中选择"创建传统补间"命令，生成传统补间动画，如图 6-45 所示。

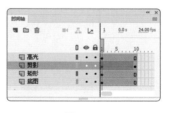

图 6-42　　　　　　图 6-43　　　　　　图 6-44　　　　　　图 6-45

在"剪影"图层的名称上单击鼠标右键，在弹出的快捷菜单中选择"遮罩层"命令，如图 6-46 所示。将"剪影"图层转换为遮罩层，"矩形"图层转换为被遮罩层，如图 6-47 所示。动态遮罩动画制作完成，按 Ctrl+Enter 组合键测试动画效果。

图 6-46　　　　　　　　　　图 6-47

在不同的帧中，动画显示的效果如图 6-48 所示。

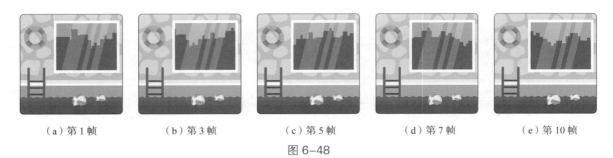

（a）第 1 帧　　　　（b）第 3 帧　　　　（c）第 5 帧　　　　（d）第 7 帧　　　　（e）第 10 帧

图 6-48

6.2.4 任务实施

（1）选择"文件 > 新建"命令，弹出"新建文档"对话框，在"详细信息"栏中，将"宽"设为 800，"高"设为 800，在"平台类型"下拉列表框中选择"ActionScript 3.0"选项，单击"创建"按钮，完成文件的创建。

（2）选择"文件 > 导入 > 导入到库"命令，在弹出的"导入到库"对话框中，选择云盘中的"Ch06> 素材 >6.2- 制作化妆品主图 >01 ～ 06"文件，单击"打开"按钮，将文件导入"库"面板中。

（3）将"图层 _1"图层重命名为"底图"。将"库"面板中的位图"01"拖曳到舞台中，如图 6-49 所示。选中"底图"图层的第 100 帧，按 F5 键，插入普通帧。

（4）在"时间轴"面板中创建新图层并将其重命名为"水花"。将"库"面板中的位图"02"拖曳到舞台中，并放置在适当的位置，如图 6-50 所示。保持图像的选中状态，按 F8 键，在弹出的"转换为元件"对话框中进行设置，如图 6-51 所示，单击"确定"按钮，将选取的图像转为图形元件。

图 6-49　　　　　　　　　图 6-50　　　　　　　　　图 6-51

（5）选中"水花"图层的第 10 帧，按 F6 键，插入关键帧。选中"水花"图层的第 1 帧，在舞台中选中"水花"实例，在图形"属性"面板中选择"色彩效果"选项组，在"样式"下拉列表框中选择"Alpha"选项，将其值设为 0%，如图 6-52 所示，效果如图 6-53 所示。

（6）在"水花"图层的第 1 帧上单击鼠标右键，在弹出的快捷菜单中选择"创建传统补间"命令，生成传统补间动画，如图 6-54 所示。

图 6-52

图 6-53

图 6-54

（7）在"时间轴"面板中创建新图层并将其重命名为"芦荟"。将"库"面板中的位图"03"拖曳到舞台中，并放置在适当的位置，如图 6-55 所示。保持图像的选中状态，按 F8 键，在弹出的"转换为元件"对话框中进行设置，如图 6-56 所示，单击"确定"按钮，将选取的图像转换为图形元件。

图 6-55

图 6-56

（8）选中"芦荟"图层的第 10 帧，按 F6 键，插入关键帧。选中"芦荟"图层的第 1 帧，在舞台中选中"芦荟"实例，在图形"属性"面板中选择"色彩效果"选项组，在"样式"下拉列表框中选择"Alpha"选项，将其值设为 0%，效果如图 6-57 所示。

（9）在"芦荟"图层的第 1 帧上单击鼠标右键，在弹出的快捷菜单中选择"创建传统补间"命令，生成传统补间动画。

（10）在"时间轴"面板中创建新图层并将其重命名为"遮罩 1"。选择矩形工具 ▢，在工具箱中将"笔触颜色"设为无、"填充颜色"设为黄色（#FFCC00），在舞台中绘制一个矩形，效果如图 6-58 所示。

（11）选中"遮罩 1"图层的第 15 帧，按 F6 键，插入关键帧。选择任意变形工具 ▣，在矩形周围将出现控制点，选中矩形下侧中间的控制点，在按住 Alt 键的同时，将其向下拖曳到适当的位置，改变矩形的高度，效果如图 6-59 所示。

图 6-57

图 6-58

图 6-59

（12）在"遮罩1"图层的第1帧上单击鼠标右键，在弹出的快捷菜单中选择"创建补间形状"命令，生成形状补间动画，如图6-60所示。在"遮罩1"图层上单击鼠标右键，在弹出的快捷菜单中选择"遮罩层"命令，将"遮罩1"图层转换为遮罩层，"芦荟"图层转换为被遮罩层，如图6-61所示。

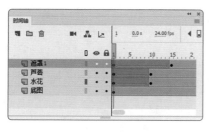
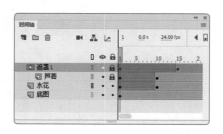

图6-60   图6-61

（13）在"时间轴"面板中创建新图层并将其重命名为"化妆品1"。选中"化妆品1"图层的第15帧，按F6键，插入关键帧。将"库"面板中的位图"04"拖曳到舞台中，并放置在适当的位置，如图6-62所示。

（14）在"时间轴"面板中创建新图层并将其重命名为"遮罩2"。选中"遮罩2"图层的第15帧，按F6键，插入关键帧。选择矩形工具▢，在工具箱中将"笔触颜色"设为无、"填充颜色"设为黄色（#FFCC00），在舞台中绘制一个矩形，效果如图6-63所示。

（15）选中"遮罩2"图层的第35帧，按F6键，插入关键帧。选择任意变形工具▥，矩形周围将出现控制点，选中矩形下侧中间的控制点，在按住Alt键的同时，将其向下拖曳到适当的位置，改变矩形的高度，效果如图6-64所示。

图6-62   图6-63   图6-64

（16）在"遮罩2"图层的第15帧上单击鼠标右键，在弹出的快捷菜单中选择"创建补间形状"命令，生成形状补间动画，如图6-65所示。在"遮罩2"图层上单击鼠标右键，在弹出的快捷菜单中选择"遮罩层"命令，将"遮罩2"图层转换为遮罩层，"化妆品1"图层转换为被遮罩层，如图6-66所示。

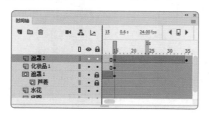
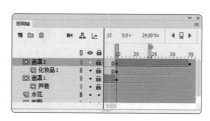

图6-65   图6-66

（17）在"时间轴"面板中创建新图层并将其重命名为"化妆品2"。选中"化妆品2"图层的第25帧，按F6键，插入关键帧。将"库"面板中的位图"05"拖曳到舞台中，并放置在适当的位置，如图6-67所示。

（18）在"时间轴"面板中创建新图层并将其重命名为"遮罩3"。选中"遮罩3"图层的第25帧，按F6键，插入关键帧。选择矩形工具，在工具箱中将"笔触颜色"设为无、"填充颜色"设为黄色（#FFCC00），在舞台中绘制一个矩形，效果如图6-68所示。

（19）选中"遮罩3"图层的第40帧，按F6键，插入关键帧。选择任意变形工具，矩形周围将出现控制点，选中矩形下侧中间的控制点，将其向下拖曳到适当的位置，改变矩形的高度，效果如图6-69所示。

图6-67

图6-68

图6-69

（20）在"遮罩3"图层的第25帧上单击鼠标右键，在弹出的快捷菜单中选择"创建补间形状"命令，生成形状补间动画，如图6-70所示。在"遮罩3"图层上单击鼠标右键，在弹出的快捷菜单中选择"遮罩层"命令，将"遮罩3"图层转换为遮罩层，"化妆品2"图层转换为被遮罩层，如图6-71所示。

图6-70

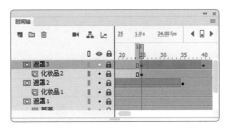
图6-71

（21）在"时间轴"面板中创建新图层并将其重命名为"标牌"。选中"标牌"图层的第30帧，按F6键，插入关键帧。将"库"面板中的位图"06"拖曳到舞台中，并放置在适当的位置，如图6-72所示。

（22）在"时间轴"面板中创建新图层并将其重命名为"遮罩4"。选中"遮罩4"图层的第30帧，按F6键，插入关键帧。选择椭圆工具，在工具箱中将"笔触颜色"设为无、"填充颜色"设为黄色（#FFCC00）。在按住Shift键的同时，在舞台中绘制1个圆形，效果如图6-73所示。

（23）选中"遮罩4"图层的第45帧，按F6键，插入关键帧。选中"遮罩4"图层的第30帧，按Ctrl+T组合键，弹出"变形"面板，将"缩放宽度"和"缩放高度"均设为1%，按Enter键。在"遮罩4"图层的第30帧上单击鼠标右键，在弹出的快捷菜单中选择"创建补间形状"命令，生成形状补间动画，如图6-74所示。

图 6-72

图 6-73

图 6-74

（24）在"遮罩4"图层上单击鼠标右键，在弹出的快捷菜单中选择"遮罩层"命令，将"遮罩4"图层转换为遮罩层，"标牌"图层转换为被遮罩层，如图6-75所示。

（25）在"时间轴"面板中创建新图层并将其重命名为"文字，如图6-76所示。选中"文字"图层的第45帧，按F6键，插入关键帧。选择文本工具 T ，在文本工具的"属性"面板中进行设置，在舞台中适当的位置输入大小为40，字体为"方正兰亭中粗黑简体"的白色文字，文字效果如图6-77所示。化妆品主图制作完成，按Ctrl+Enter组合键查看效果。

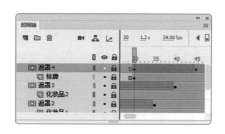
图 6-75

图 6-76

图 6-77

6.2.5 扩展实践：制作服装饰品类公众号首图

使用"添加传统运动引导层"命令添加引导层，使用铅笔工具绘制曲线条，使用"创建传统补间"命令制作花瓣飘落的动画效果。最终效果参看云盘中的"Ch06＞效果＞6.2.5扩展实践：制作服装饰品类公众号首图"，如图6-78所示。

制作服装饰品类
公众号首图

图 6-78

任务 6.3 项目演练：制作社交媒体类微信公众号文章配图

6.3.1 任务引入

"小雪"是我国二十四节气之一，意味着天气会越来越冷，降水量增加。本任务要求读者制作社交媒体类微信公众号文章配图，设计要求表现出该节气的特点及特色。

6.3.2 设计理念

使用景物照片作为背景，烘托出节气氛围，装饰画面；添加标题文字和宣传语体现配图的主题；在表现形式上，采用简单的文字动画效果增强画面的韵味和美感。最终效果参看云盘中的"Ch06> 效果 >6.3- 制作社交媒体类微信公众号文章配图"，如图 6-79 所示。

图 6-79

项目7

制作节目包装
——节目片头设计

07

随着影视产业的发展，节目片头的种类越发丰富。节目片头虽然时长较短，但却是一档节目的内容和性质的高度体现，并且在内容表达、技术含量及艺术表现上都有很高的要求，能让观众眼前一亮。通过本项目的学习，读者可以掌握节目片头的设计方法和制作技巧。

学习引导

知识目标
- 了解节目片头的概念及分类；
- 掌握节目片头的设计原则。

能力目标
- 熟悉节目片头设计思路和过程；
- 掌握节目片头的制作方法和技巧。

素养目标
- 培养对节目片头的设计创作能力；
- 培养对节目片头的审美能力。

实训任务
- 制作时装节目片头；
- 制作谈话节目片头。

相关知识： 节目片头设计基础

1 节目片头的概念

节目片头是开始播放节目正片内容前的一个短片，它包含视频、音乐、文字等元素。节目片头通过对元素的设计组织来达到烘托内容主题、吸引观众注意力和营造影片氛围的目的，如图 7-1 所示。

图 7-1

2 节目片头的分类

节目片头的分类多，包括电影片头、电视频道片头、电视栏目片头、企业宣传片头和活动宣传片头等多种类型，如图 7-2 所示。

图 7-2

3 节目片头设计的原则

节目片头设计的原则包括创意构思紧贴主题，意境渲染带动观众情绪，呈现画面视觉美感、充分体现时代文化，如图 7-3 所示。

图 7-3

任务 7.1　制作时装节目片头

7.1.1　任务引入

制作时装节目片头 1　制作时装节目片头 2　制作时装节目片头 3

制作时装节目片头 4　制作时装节目片头 5

该时装节目是展现现代都市女性服装潮流的专栏节目，节目宗旨是跟随时装的流行趋势，引导着装的品位方向。本任务要求读者首先了解如何添加声音；然后通过制作时装节目片头，掌握时尚类节目片头的制作技巧与设计思路。设计要求突出时装的现代感和潮流感。

7.1.2　设计理念

背景采用蓝色及简单线条的搭配，给人时尚感、现代感；女性时装以照片的形式出现在画面中，体现时装节目的主题。最终效果参看云盘中的"Ch07> 效果 >7.1- 制作时装节目片头"，如图 7-4 所示。

图 7-4

7.1.3　任务知识：添加声音

❶ 声音素材的格式

Animate CC 2019 提供了许多使用声音的方式。这些方式可以使声音独立于时间轴连续播放，或使动画和声音同步播放；也可以向按钮添加声音，使按钮具有更强的互动性；还可以通过声音的淡入淡出产生更优美的声音效果。下面介绍几种可导入 Animate 中的常见的声音文件格式。

◎ WAV 格式

WAV 格式可以直接保存对声音波形取样的数据，数据没有经过压缩，所以音质较好，但 WAV 格式的声音文件通常文件量比较大，会占用较多的磁盘空间。

◎ MP3 格式

MP3 格式是一种压缩的声音文件格式。MP3 格式的声音文件的文件量只占 WAV 格式的十分之一。同 WAV 格式相比，其优点为体积小、传输方便、音质较好，已经被广泛应用到电脑音乐中。

◎ AIFF 格式

AIFF 格式支持 MAC 平台，支持 16 位 44kHz 立体声。只有系统上安装了 QuickTime 4

或更高版本，才可使用此声音文件格式。

◎ AU 格式

AU 格式是一种压缩声音文件格式，只支持 8 位的声音，是互联网上常用的声音文件格式。只有系统上安装了 QuickTime 4 或更高版本，才可使用此声音文件格式。

声音占用大量的磁盘空间和内存。一般为了提高作品在网上的下载速度，常使用 MP3 格式，因为它的声音文件经过了压缩，比 WAV 格式或 AIFF 格式的声音文件的文件量小。在 Flash 中只能导入采样比率为 11kHz、22kHz 或 44kHz，8 位或 16 位的声音。通常，为了作品在网上有令人满意的下载速度而使用 WAV 格式或 AIFF 格式时，最好使用 16 位 22kHz 单声。

② 添加声音

打开云盘中的"基础素材 >Ch07>01"文件，如图 7-5 所示。选择"文件 > 导入 > 导入到库"命令，在弹出的"导入到库"对话框中选择云盘中的"基础素材 >Ch07>02"文件，单击"打开"按钮，将声音文件导入"库"面板中，如图 7-6 所示。

单击"时间轴"面板上方的"新建图层"按钮 ，创建新的图层并将其重命名为"音乐"作为放置声音文件的图层，如图 7-7 所示。

图 7-5

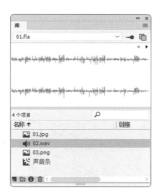

图 7-6

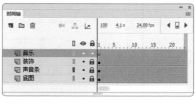

图 7-7

在"库"面板中选中声音文件，按住鼠标左键将其拖曳到舞台中，如图 7-8 所示。松开鼠标，在"音乐"图层中会出现声音文件的波形，如图 7-9 所示。声音添加完成，按 Ctrl+Enter 组合键测试添加效果。

图 7-8

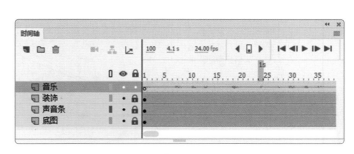

图 7-9

一般情况下，将每个声音放在各自独立的层上，每个层都作为一个独立的声音通道。当播放动画文件时，所有层上的声音将混合在一起。

提示

③ 帧"属性"面板

在"时间轴"面板中选中声音文件所在图层的第 1 帧，按 Ctrl+F3 组合键，弹出帧"属性"面板，如图 7-10 所示。

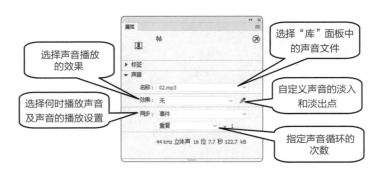

图 7-10

"效果"下拉列表框中的选项如图 7-11 所示。

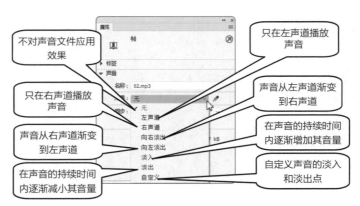

图 7-11

"同步"下拉列表框中的选项如图 7-12 所示。

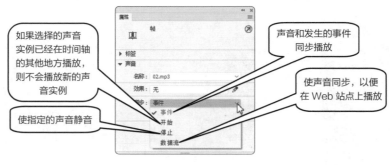

图 7-12

"声音循环"下拉列表框中的选项如图 7-13 所示。

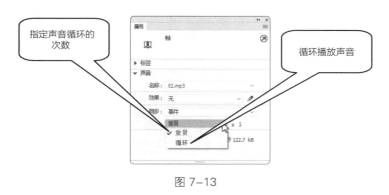

图 7-13

提示

在 Animate CC 2019 中有两种类型的声音：事件声音和音频流。事件声音必须完全下载后才能开始播放，除非明确停止，否则它将一直连续播放。音频流在下载了前几帧后就开始播放，音频流可以和时间轴同步，以便在 Web 站点上播放。

7.1.4 任务实施

① 导入素材并制作图形元件

（1）在欢迎页的"详细信息"栏中，将"宽"设为 550，"高"设为 400，在"平台类型"下拉列表框中选择"ActionScript 3.0"选项，单击"创建"按钮，完成文件的创建。按 Ctrl+J 组合键，弹出"文档设置"对话框，将"舞台颜色"设为灰色（#999999），单击"确定"按钮。

（2）选择"文件 > 导入 > 导入到库"命令，在弹出的"导入到库"对话框中选择云盘中的"Ch07> 素材 >7.1- 制作时装节目片头 >01 ～ 08"文件，单击"打开"按钮，文件将被导入"库"面板中，如图 7-14 所示。

（3）在"库"面板中新建一个图形元件"人物 1"，如图 7-15 所示，舞台也随之转换为图形元件的舞台。将"库"面板中的位图"03"拖曳到舞台中，如图 7-16 所示。

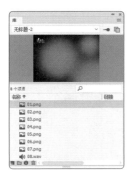
图 7-14

图 7-15

图 7-16

（4）用相同的方法将"库"面板中的位图"04"和"05"制作成图形元件"人物2"和"人物3"，如图7-17和图7-18所示。在"库"面板中新建一个图形元件"照片"，如图7-19所示，舞台也随之转换为图形元件的舞台。

图7-17

图7-18

图7-19

（5）选择"窗口 > 颜色"命令，弹出"颜色"面板，将"填充颜色"设为无，单击"笔触颜色"按钮，在"颜色类型"下拉列表框中选择"线性渐变"选项，在色带上将左边的颜色控制点设为深黄色（#EFC241），将右边的颜色控制点设为红色（#E93A19），生成渐变色，如图7-20所示。

（6）选择铅笔工具，在工具箱下方单击"铅笔模式"按钮，在下拉列表中选择"平滑"模式 S，在铅笔工具的"属性"面板中将"笔触"设为5，其他选项的设置如图7-21所示。在舞台中绘制一条曲线，如图7-22所示。

图7-20

图7-21

图7-22

（7）在"时间轴"面板中创建新图层并将其重命名为"照片1"。选择矩形工具，在工具箱中将"填充颜色"设为白色、"笔触颜色"设为无，在舞台中绘制一个矩形，效果如图7-23所示。将"填充颜色"设为青色（#0BB5F2），再次绘制一个矩形，效果如图7-24所示。

（8）将"库"面板中的位图"03"拖曳到舞台中，选择任意变形工具调整其大小，并将其拖曳到适当的位置，效果如图7-25所示。

（9）选中"照片1"图层，选中图形，将其旋转适当的角度并拖曳到适当的位置，效果如图 7-26 所示。将"库"面板中的位图"07"拖曳到舞台中，将其旋转适当的角度并拖曳到适当的位置，效果如图 7-27 所示。

（10）在"时间轴"面板中创建两个新图层并分别重命名为"照片 2"和"照片 3"。用步骤（7）～步骤（9）中的方法制作图形元件"照片 2"和"照片 3"，如图 7-28 所示。

图 7-23　　　图 7-24　　　图 7-25　　　图 7-26　　　图 7-27　　　图 7-28

② 创建图形元件并输入文字

（1）在"库"面板中新建一个图形元件"文字 1"，舞台也随之转换为图形元件的舞台。选择文本工具 T，在文本工具的"属性"面板中进行设置，在舞台中适当的位置输入大小为 25，字体为"方正兰亭粗黑简体"的白色文字，文字效果如图 7-29 所示。

（2）选中文字"时装"，如图 7-30 所示，在文本工具的"属性"面板中，将"大小"设为 35，效果如图 7-31 所示。选中文字"展示"，在文本工具的"属性"面板中，将"系列"设为"方正兰亭黑简体"，"大小"设为 35，效果如图 7-32 所示。

图 7-29

图 7-30

图 7-31

图 7-32

（3）选择椭圆工具 ◯，在椭圆工具的"属性"面板中，将"笔触颜色"设为白色、"填充颜色"设为无、"笔触"设为 2。在按住 Shift 键的同时在舞台中绘制圆形边线，效果如图 7-33 所示。

（4）选择文本工具 T，在文本工具的"属性"面板中进行设置，在舞台中适当的位置输入大小为 14，字体为"方正兰亭粗黑简体"的白色文字，文字效果如图 7-34 所示。

图 7-33　　　　　　　　　　　图 7-34

（5）用上述方法制作图形元件"文字2"和"文字3"，如图7-35和图7-36所示。

（6）在"库"面板中新建一个图形元件"文字4"，舞台也随之转换为图形元件的舞台。在文本工具的"属性"面板中进行设置，在舞台中适当的位置输入大小为35，字体为"方正兰亭粗黑简体"的橙色（#FF6600）文字，文字效果如图7-37所示。

图7-35　　　　　　　　　　图7-36　　　　　　　　　　图7-37

（7）选中文字"潮流"，如图7-38所示，在文本工具的"属性"面板中，将"系列"设为"方正兰亭黑简体"，"大小"设为48，效果如图7-39所示。

图7-38　　　　　　　　　　　　图7-39

（8）在文本工具的"属性"面板中进行设置，在舞台中适当的位置输入大小为24，字体为"方正兰亭粗黑简体"的灰色（#666666）文字，文字效果如图7-40所示。

（9）单击"时间轴"面板上方的"新建图层"按钮▥，新建"图层_2"图层，并将其拖曳到"图层_1"图层的下方，如图7-41所示。选择椭圆工具◉，在椭圆工具的"属性"面板中，将"笔触颜色"设为无，"填充颜色"设为白色，在舞台中绘制3个椭圆，效果如图7-42所示。

图7-40　　　　　　　　　　图7-41　　　　　　　　　　图7-42

❸ 制作文字动画

（1）在"库"面板中新建一个影片剪辑元件"文字动"，舞台也随之转换为影片剪辑元件的舞台。将"库"面板中的图形元件"文字4"拖曳到舞台中，如图7-43所示。选中"图层_1"图层的第12帧，按F5键，插入普通帧。

（2）选中"图层_1"图层的第4帧、第7帧、第10帧，按F6键，插入关键帧。选中第1帧，按Ctrl+T组合键，弹出"变形"面板，将"缩放宽度"和"缩放高度"均设为88%，如图7-44所示。舞台中的显示效果如图7-45所示。用相同的方法设置第7帧。

图7-43　　　　　　　　　　　图7-44　　　　　　　　　　　图7-45

4 绘制图形动画

（1）在"库"面板中新建一个影片剪辑元件"背景动画"，舞台也随之转换为影片剪辑元件的舞台。选择矩形工具▣，在工具箱中将"填充颜色"设为青色（#0BB5F2）、"笔触颜色"设为无，在工具箱下方单击"对象绘制"按钮▣，在舞台中绘制一个矩形，效果如图7-46所示。

（2）选择椭圆工具◯，在工具箱中将"填充颜色"设为无，"笔触颜色"设为青色（#0BB5F2）。在按住Shift键的同时在舞台中绘制多个圆形边线，效果如图7-47所示。

（3）选中"图层_1"图层的第2帧，按F6键，插入关键帧。选择椭圆工具◯和矩形工具▣绘制图形，效果如图7-48所示。用相同的方法，分别在第3帧、第4帧、第5帧、第6帧、第7帧、第8帧、第9帧和第10帧上插入关键帧，并绘制出需要的图形，"时间轴"面板如图7-49所示。

图7-46　　　　　　图7-47　　　　　　　　　图7-48　　　　　　　　　图7-49

5 制作动画效果

（1）单击舞台左上方的场景名称"场景1"，进入"场景1"的舞台，将"图层_1"图层重命名为"背景"。将"库"面板中的位图"01"拖曳到舞台中，并放置在与舞台中心重叠的位置，如图7-50所示。将"库"面板中的影片剪辑元件"背景动画"拖曳到舞台中，效果如图7-51所示。选中"背景"图层的第140帧，按F5键，插入普通帧。

（2）在"时间轴"面板中创建新图层并将其重命名为"翅膀"。将"库"面板中的位图"02"拖曳到舞台中并放置在适当的位置，如图7-52所示。

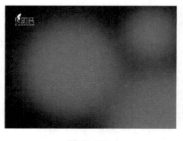
图7-50

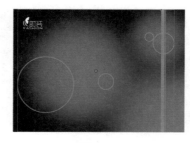
图7-51

图7-52

（3）保持图像的选中状态，按F8键，弹出"转换为元件"对话框，在"名称"文本框中输入"翅膀"，在"类型"下拉列表框中选择"图形"选项，如图7-53所示，单击"确定"按钮，将图像转换为图形元件。

（4）在图形"属性"面板中选择"色彩效果"选项组，在"样式"下拉列表框中选择"色调"选项，各选项的设置如图7-54所示，舞台中的效果如图7-55所示。

图7-53

图7-54

图7-55

（5）将"库"面板中的图形元件"翅膀"拖曳到舞台中，并放置在适当的位置，效果如图7-56所示。选中"翅膀"图层的第122帧，按F7键，插入空白关键帧。

（6）在"时间轴"面板中创建新图层并将其重命名为"人物1"，将"库"面板中的图形元件"人物1"拖曳到舞台中，并放置在适当的位置，如图7-57所示。选择"选择"工具 ，在舞台中选中"人物1"实例，在图形"属性"面板中选择"色彩效果"选项组，在"样式"下拉列表框中选择"色调"选项，各选项的设置如图7-58所示，舞台中的效果如图7-59所示。

（7）选中"人物1"图层的第2帧，按F6键，插入关键帧。将"库"面板中的图形元件"人物1"再次拖曳到舞台中，并放置在适当的位置，如图7-60所示。

（8）分别选中"人物1"图层的第3帧、第4帧、第5帧，按F6键，插入关键帧。选中第40帧，按F7键，插入空白关键帧。选中"人物1"图层的第4帧，选中上层的"人物1"实例，按Delete键将其删除，效果如图7-61所示。

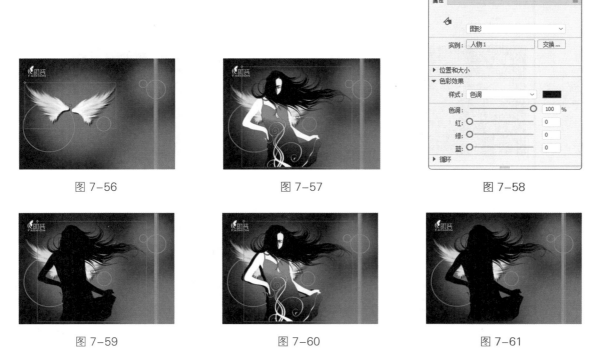

图 7-56　　　　　　　　　　图 7-57　　　　　　　　　　图 7-58

图 7-59　　　　　　　　　　图 7-60　　　　　　　　　　图 7-61

（9）在"时间轴"面板中创建新图层并将其重命名为"文字 1"。选中"文字 1"图层的第 5 帧，按 F6 键，插入关键帧。将"库"面板中的图形元件"文字 1"拖曳到舞台中，并放置在适当的位置，如图 7-62 所示。

（10）选中"文字 1"图层的第 28 帧，按 F6 键，插入关键帧，在舞台中将"文字 1"实例垂直向下拖曳到适当的位置，如图 7-63 所示。选中"文字 1"图层的第 40 帧，按 F7 键，插入空白关键帧。在"文字 1"图层的第 5 帧上单击鼠标右键，在弹出的快捷菜单中选择"创建传统补间"命令，生成传统补间动画，如图 7-64 所示。

图 7-62　　　　　　　　　　图 7-63　　　　　　　　　　图 7-64

（11）在"时间轴"面板中创建新图层并将其重命名为"人物 2"，选中"人物 2"图层的第 40 帧，按 F6 键，插入关键帧。将"库"面板中的图形元件"人物 2"拖曳到舞台中，并放置在适当的位置，如图 7-65 所示。保持实例的选中状态，在图形"属性"面板中选择"色彩效果"选项组，在"样式"下拉列表框中选择"色调"选项，各选项的设置如图 7-66 所示，舞台中的效果如图 7-67 所示。

图7-65　　　　　　　　　　　　　图7-66　　　　　　　　　　　　　图7-67

（12）选中"人物2"图层的第41帧，按F6键，插入关键帧。将"库"面板中的图形元件"人物2"再次拖曳到舞台中，并放置在适当的位置，如图7-68所示。分别选中"人物2"图层的第42帧、第43帧、第44帧，按F6键，插入关键帧。选中第81帧，按F7键，插入空白关键帧，如图7-69所示。选中"人物2"图层的第43帧，选中上层的"人物2"实例，按Delete键将其删除，效果如图7-70所示。

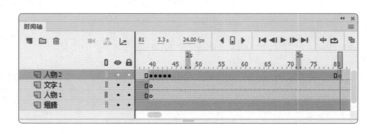

图7-68　　　　　　　　　　　　　图7-69　　　　　　　　　　　　　图7-70

（13）在"时间轴"面板中创建新图层并将其重命名为"文字2"。选中"文字2"图层的第44帧，按F6键，插入关键帧。将"库"面板中的图形元件"文字2"拖曳到舞台中，并放置在适当的位置，如图7-71所示。选中"文字2"图层的第69帧，按F6键，插入关键帧，选中第81帧，按F7键，插入空白关键帧。

（14）选中"文字2"图层的第44帧，在舞台中将"文字2"实例垂直向下拖曳到适当的位置，如图7-72所示。在"文字2"图层的第44帧上单击鼠标右键，在弹出的快捷菜单中选择"创建传统补间"命令，生成传统补间动画，如图7-73所示。

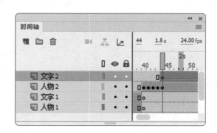

图7-71　　　　　　　　图7-72　　　　　　　　　　图7-73

（15）在"时间轴"面板中创建两个新图层并分别重命名为"人物3"和"文字3"，用上述的方法分别对"人物3"和"文字3"图层进行操作，如图7-74所示。

（16）在"时间轴"面板中创建新图层并将其重命名为"照片"。选中"照片"图层的第 122 帧，按 F6 键，插入关键帧。将"库"面板中的图形元件"照片"拖曳到舞台中，并放置到适当的位置，如图 7-75 所示。选中"照片"图层的第 130 帧，按 F6 键，插入关键帧。

（17）选中"照片"图层的第 122 帧，在舞台中将"照片"实例水平向右拖曳到适当的位置，如图 7-76 所示。在"照片"图层的第 122 帧上单击鼠标右键，在弹出的快捷菜单中选择"创建传统补间"命令，生成传统补间动画。

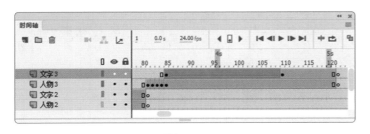

图 7-74   图 7-75   图 7-76

（18）在"时间轴"面板中创建新图层并将其重命名为"文字 4"。选中"文字 4"图层的第 130 帧，按 F6 键，插入关键帧。将"库"面板中的影片剪辑元件"文字动"拖曳到舞台中，并放置在适当的位置，如图 7-77 所示。选中"文字 4"图层的第 140 帧，按 F6 键，插入关键帧。

（19）选中"文字 4"图层的第 130 帧，在舞台中将"文字 4"实例垂直向上拖曳到适当的位置，如图 7-78 所示。在"文字 4"图层的第 130 帧上单击鼠标右键，在弹出的快捷菜单中选择"创建传统补间"命令，生成传统补间动画。

（20）在"时间轴"面板中创建新图层并将其重命名为"星星"。选中"星星"图层的第 28 帧，按 F6 键，插入关键帧。多次将"库"面板中的位图"06"向舞台中拖曳，并调整它们的大小，效果如图 7-79 所示。

图 7-77   图 7-78   图 7-79

（21）分别选中"星星"图层的第 30 帧、第 32 帧、第 34 帧、第 36 帧、第 38 帧，按 F6 键，插入关键帧。选中第 40 帧，按 F7 键，插入空白关键帧。

（22）选择"选择"工具▶，选中"星星"图层的第 30 帧，在舞台中选择两个星星图形，按 Delete 键将其删除，效果如图 7-80 所示。用相同的方法对第 32 帧、第 34 帧、第 36 帧、第 38 帧进行操作。

（23）选中"星星"图层的第 28 帧，按住 Shift 键，单击第 40 帧，选中第 28 帧与第 40 帧之间所有的帧。在选中的帧上单击鼠标右键，在弹出的快捷菜单中选择"复制帧"命令。在"星星"图层的第 69 帧上单击鼠标右键，在弹出的快捷菜单中选择"粘贴帧"命令。"时间轴"面板如图 7-81 所示。用相同的方法对第 110 帧进行操作，"时间轴"面板如图 7-82 所示。

图 7-80

图 7-81

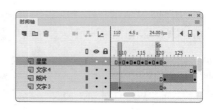

图 7-82

（24）选中"星星"图层的第 141 帧，按住 Shift 键，单击第 164 帧，选中第 141 帧与第 164 帧之间所有的帧。在选中的帧上单击鼠标右键，在弹出的快捷菜单中选择"删除帧"命令，将选中的帧删除。

图 7-83

（25）在"时间轴"面板中创建新图层并将其重命名为"灰条"。选择矩形工具 ▣ ，在工具箱中将"填充颜色"设置为灰色（#E5E5E5）、"笔触颜色"设置为无，在舞台中绘制一个矩形，如图 7-83 所示。用相同的方法再次绘制 3 个矩形，效果如图 7-84 所示。

图 7-84

（26）在"时间轴"面板中创建新图层并将其重命名为"音乐"。将"库"面板中的声音文件"08"拖曳到舞台中。单击"音乐"图层的第 1 帧，调出帧"属性"面板，在"声音"选项组中的"同步"下拉列表框中选择"事件"选项，在"声音循环"下拉列表框中选择"循环"选项，如图 7-85 所示。

（27）在"时间轴"面板中创建新图层并将其重命名为"动作脚本"。选中"动作脚本"图层的第 140 帧，按 F6 键，插入关键帧。按 F9 键，在弹出的"动作"面板中输入动作脚本，如图 7-86 所示。设置好动作脚本后，关闭"动作"面板，在"动作脚本"图层的第 140 帧上会显示出一个标记"a"。时装节目片头制作完成，按 Ctrl+Enter 组合键预览效果，如图 7-87 所示。

图 7-85

图 7-86

图 7-87

7.1.5 扩展实践：制作体育节目片头

使用文本工具添加主体文字，使用"创建传统补间"命令生成传统补间动画，使用"动作"面板添加动作脚本。最终效果参看云盘中的"Ch07> 效果 >7.1.5 扩展实践：制作体育节目片头"，如图 7-88 所示。

图 7-88

制作体育节目片头 1　制作体育节目片头 2　制作体育节目片头 3　制作体育节目片头 4　制作体育节目片头 5

任务 7.2　制作谈话节目片头

7.2.1 任务引入

制作谈话节目片头 1　　制作谈话节目片头 2

说点啥是一档由椰饼干出品、制作的说话达人秀，宣扬乐观、幽默的生活态度，提倡积极面对生活中的烦恼。本任务要求读者首先认识"变形"面板、"库"面板和"时间轴"面板；然后通过制作谈话节目片头掌握访谈类节目片头的制作技巧与设计思路。要求设计能够展现该节目的风格，起到宣传节目内容的作用。

制作谈话节目片头 3　　制作谈话节目片头 4

7.2.2 设计理念

火箭和几何装饰图形的搭配，使画面活泼生动，营造出轻松愉悦的节目氛围；对节目名称文字的设计，突出节目主题，新颖独特。最终效果参看云盘中的"Ch07> 效果 >7.2- 制作谈话节目片头"，如图 7-89 所示。

图 7-89

7.2.3　任务知识："变形"面板、"库"面板和"时间轴"面板

① "变形"面板

选择"窗口 > 变形"命令，或按 Ctrl+T 组合键，弹出"变形"面板，如图 7-90 所示。

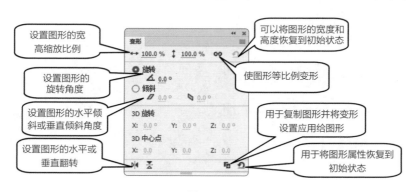

图 7-90

"变形"面板中的设置不同，产生的效果也各不相同。

打开云盘中的"基础素材 >Ch07>04"文件，如图 7-91 所示。选中图形，在"变形"面板中将"缩放宽度"设为 50%，按 Enter 键，如图 7-92 所示，图形的宽度将被改变，效果如图 7-93 所示。

选中图形，在"变形"面板中单击"约束"按钮 ⟨ɔ̃，将"缩放宽度"设为 50%，"缩放高度"也随之变为 50%，按 Enter 键，如图 7-94 所示，图形将成比例地缩小，效果如图 7-95 所示。

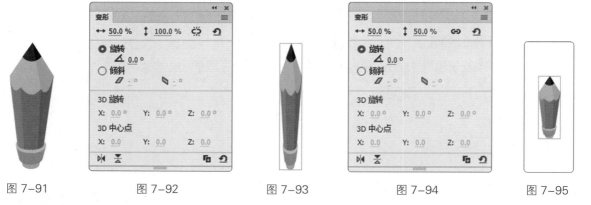

图 7-91　　　图 7-92　　　图 7-93　　　图 7-94　　　图 7-95

选中图形，在"变形"面板中选择"旋转"单选按钮，将"旋转"设为 20°，如图 7-96 所示。按 Enter 键，图形将被旋转，效果如图 7-97 所示。

选中图形，在"变形"面板中选择"倾斜"单选按钮，将"水平倾斜"选项设为 20°，如图 7-98 所示。按 Enter 键，图形将发生水平倾斜变形，效果如图 7-99 所示。

图 7-96

图 7-97

图 7-98

图 7-99

选中图形，在"变形"面板中选择"倾斜"单选按钮，将"垂直倾斜"设为25°，如图 7-100 所示。按 Enter 键，图形将发生垂直倾斜变形，效果如图 7-101 所示。

选中图形，在"变形"面板中单击"水平翻转所选内容"按钮 ，图形将水平翻转，如图 7-102 所示。单击"垂直翻转所选内容"按钮 ，图形将垂直翻转，如图 7-103 所示。

图 7-100

图 7-101

图 7-102

图 7-103

选中图形，在"变形"面板中单击"重制选区和变形"按钮 ，将"旋转"设为30°，如图 7-104 所示。按 Enter 键，图形将被复制并沿其中心点旋转30°，效果如图 7-105 所示。

再次单击"重制选区和变形"按钮 ，图形将再次被复制并旋转30°，效果如图 7-106 所示。此时，面板中显示旋转角度为60°，表示复制出的图形当前的旋转角度为60°，如图 7-107 所示。

图 7-104

图 7-105

图 7-106

图 7-107

2 "库"面板

在 Animate 文件的"库"面板中可以存储创建的元件和导入的文件。只要建立 Animate 文件，就可以使用相应的库。

打开云盘中的"基础素材 >Ch07> 元件演示"文件。选择"窗口 > 库"命令，或按 Ctrl+L 组合键，弹出"库"面板，如图 7-108 所示。

在"库"面板的上方会显示与"库"面板对应的文件名称。在文件名称的下方为预览区域，用户可以在此观察选定元件的效果。如果选定的元件为多帧组成的动画，则在预览区域的右上方会显示两个按钮 ▪ ▶，如图 7-109 所示。单击"播放"按钮 ▶，可以在预览区域里播放动画；单击"停止"按钮 ▪，停止播放动画。在预览区域的下方会显示当前"库"面板中的元件。

当"库"面板呈最大宽度显示时，将出现一些按钮。

图 7-108

图 7-109

- **"名称"按钮**：单击该按钮，"库"面板中的元件将按名称排序，如图 7-110 所示。
- **"类型"按钮**：单击该按钮，"库"面板中的元件将按类型排序，如图 7-111 所示。
- **"使用次数"按钮**：单击该按钮，"库"面板中的元件将按被使用的次数排序。
- **"链接"按钮**：该按钮与"库"面板弹出式菜单中"链接"命令的设置相关联。
- **"修改日期"按钮**：单击该按钮，"库"面板中的元件将按照被修改的日期排序，如图 7-112 所示。

图 7-110

图 7-111

图 7-112

在"库"面板的下方有 4 个按钮，下面将分别进行介绍。

- **"新建元件"按钮** ：用于创建元件。单击该按钮，弹出"创建新元件"对话框，在其中进行相应设置即可创建新的元件，如图 7-113 所示。

- **"新建文件夹"按钮** ：用于创建文件夹。可以分门别类地建立文件夹，将相关的元件调入其中，以方便管理。单击该按钮，在"库"面板中会生成新的文件夹，可以重新设置文件夹的名称，如图 7-114 所示。

- **"属性"按钮** ：用于转换元件的类型。单击该按钮，弹出"元件属性"对话框，可以转换元件的类型，如图 7-115 所示。

- **"删除"按钮** ：用于删除"库"面板中的元件或文件夹。单击该按钮，选中的元件或文件夹将被删除。

图 7-113　　　　　　　　　　图 7-114　　　　　　　　　　图 7-115

❸ 帧的显示形式

在 Animate CC 2019 动画的制作过程中，帧包括下述多种显示形式。

◎ 空白关键帧

在时间轴中，灰色背景带有黑色圆圈的帧为空白关键帧。表示在当前舞台中没有任何内容，如图 7-116 所示。

◎ 关键帧

在时间轴中，灰色背景带有黑色圆点的帧为关键帧。表示在当前场景中存在一个关键帧，在关键帧对应的舞台中存在一些内容，如图 7-117 所示。

在时间轴中，存在多个帧，如图 7-118 所示。带有黑色圆点的第 1 帧为关键帧，最后一帧上带有黑色的矩形框，为普通帧。除了第 1 帧以外，其他帧均为普通帧。

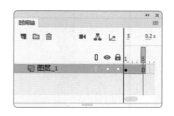

图 7-116　　　　　　　　　　图 7-117　　　　　　　　　　图 7-118

◎ 传统补间帧

在时间轴中，如图 7-119 所示，带有黑色圆点的第 1 帧和最后一帧为关键帧，中间紫色背景带有灰色箭头的帧为传统补间帧。

◎ 形状补间帧

在时间轴中，如图 7-120 所示，带有黑色圆点的第 1 帧和最后一帧为关键帧，中间浅咖色背景带有灰色箭头的帧为形状补间帧。

在时间轴中，帧上出现虚线，如图 7-121 所示，表示是未完成或中断了的补间动画，虚线表示不能够生成补间帧。

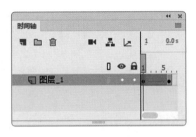
图 7-119

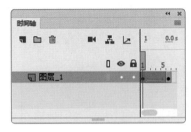
图 7-120

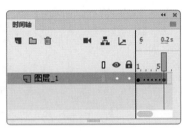
图 7-121

◎ 包含动作语句的帧

在时间轴中，第 1 帧上出现一个字母"a"，表示这一帧中包含了使用"动作"面板设置的动作语句，如图 7-122 所示。

◎ 帧标签

在时间轴中，第 1 帧上出现一个红旗，表示这一帧的标签类型是名称。红旗右侧的"mc"是帧标签的名称，如图 7-123 所示。

在时间轴中，第 1 帧上出现两条绿色斜杠，表示这一帧的标签类型是注释，如图 7-124 所示。帧注释是对帧的解释，帮助浏览者理解该帧在影片中的作用。

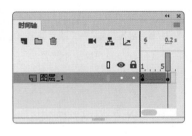
图 7-122

在时间轴中，第 1 帧上出现一个金色的锚，表示这一帧的标签类型是锚记，如图 7-125所示。帧锚记表示该帧是一个定位帧，方便浏览者在浏览器中快进、快退动画。

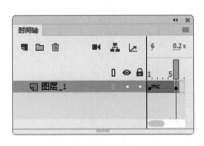
图 7-123

图 7-124

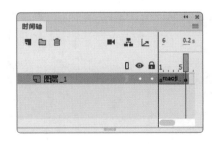
图 7-125

④ "时间轴"面板

"时间轴"面板由图层控制区和时间线控制区组成，如图 7-126 所示。

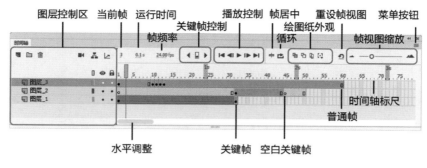

图 7-126

5 **在"时间轴"面板中设置帧**

在"时间轴"面板中，可以对帧进行一系列的操作。

◎ 插入帧

选择"插入 > 时间轴 > 帧"命令，或按 F5 键，可以在时间轴上插入一个普通帧。

选择"插入 > 时间轴 > 关键帧"命令，或按 F6 键，可以在时间轴上插入一个关键帧。

选择"插入 > 时间轴 > 空白关键帧"命令，或按 F7 键，可以在时间轴上插入一个空白关键帧。

◎ 选择帧

选择"编辑 > 时间轴 > 选择所有帧"命令，选中时间轴上的所有帧。

单击要选择的帧，帧将变为深色。

选中要选择的帧，再将其向前或向后拖曳，其间鼠标指针经过的帧将全部被选中。

在按住 Ctrl 键的同时，单击要选择的帧，可以选择多个不连续的帧。

在按住 Shift 键的同时，单击要选择的两个帧，这两个帧之间的所有帧都将被选中。

◎ 移动帧

选中一个或多个帧，按住鼠标左键，移动选中的帧到目标位置。在移动过程中，如果按住 Alt 键，则会在目标位置上复制出选中的帧。

选中一个或多个帧，选择"编辑 > 时间轴 > 剪切帧"命令，或按 Ctrl+Alt+X 组合键，剪切选中的帧；选中目标位置，选择"编辑 > 时间轴 > 粘贴帧"命令，或按 Ctrl+Alt+V 组合键，在目标位置上粘贴剪切的帧。

◎ 删除帧

在要删除的帧上单击鼠标右键，在弹出的快捷菜单中选择"删除帧"命令。

选中要删除的普通帧，按 Shift+F5 组合键删除。选中要删除的关键帧，按 Shift+F6 组合键删除。

提示　　　　在 Animate CC 2019 的默认状态下，"时间轴"面板中每一个图层的第 1 帧都被设置为关键帧，后面插入的帧将拥有第 1 帧中的所有内容。

7.2.4 任务实施

① 导入素材并制作图形元件

（1）在欢迎页的"详细信息"栏中，将"宽"设为800，"高"设为600，在"平台类型"下拉列表框中选择"ActionScript 3.0"选项，单击"创建"按钮，完成文件的创建。按Ctrl+J组合键，弹出"文档设置"对话框，将"舞台颜色"设为淡蓝色（#C4DAFF），单击"确定"按钮，完成舞台颜色的修改。

（2）选择"文件 > 导入 > 导入到库"命令，在弹出的"导入到库"对话框中选择云盘中的"Ch07> 素材 >7.2- 制作说话节目片头 >01 ～ 13"文件，单击"打开"按钮，将选中的文件导入"库"面板中，如图 7-127 所示。

（3）按 Ctrl+F8 组合键，弹出"创建新元件"对话框。在"名称"文本框中输入"人物 1"，在"类型"下拉列表框中选择"图形"选项，单击"确定"按钮，创建图形元件"人物 1"，如图 7-128 所示，舞台也随之转换为图形元件的舞台。将"库"面板中的位图"02"拖曳到舞台中，并放置在适当的位置，如图 7-129 所示。

图 7-127

图 7-128

图 7-129

（4）在"库"面板中新建一个图形元件"云"，舞台也随之转换为图形元件的舞台。将"库"面板中的位图"03"拖曳到舞台中，并放置在适当的位置，如图 7-130 所示。

（5）用上述的方法将"库"面板中的位图"04""05""06""07""08""09""11""12""13"，分别制作成图形元件"会话泡""装饰""窗户""人物 2""人物 3""人物 4""小火箭""底图""文字 3"，如图 7-131 ～图 7-133 所示。

图 7-130

图 7-131

图 7-132

图 7-133

（6）在"库"面板中新建一个图形元件"文字1"，舞台也随之转换为图形元件的舞台。选择文本工具 T，在文本工具的"属性"面板中进行设置，在舞台中适当的位置输入大小为65，字母间距为 -7，字体为"方正经黑简体"的黑色文字，文字效果如图7-134所示。

（7）选择选择工具 ▶，选中文字。按 Ctrl+T 组合键，弹出"变形"面板，将"缩放宽度"设为 100%，"缩放高度"设为 110%，"旋转"设为 -11，如图7-135所示，效果如图7-136所示。

（8）保持文字的选中状态，按 Ctrl+C 组合键，将其复制。在工具箱中将"填充颜色"设为白色，效果如图7-137所示。

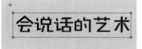
图 7-134

图 7-135

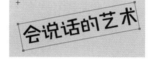
图 7-136

图 7-137

（9）按 Ctrl+Shift+V 组合键，将复制的文字原位粘贴，多次按向上和向左的方向键，调整文字的位置，效果如图7-138所示。用相同的方法制作图形元件"文字2"，如图7-139所示。

图 7-138

图 7-139

2 制作画面 1 动画

（1）单击舞台左上方的场景名称"场景1"，进入"场景1"的舞台。将"图层_1"图层重命名为"底图"，将"库"面板中的位图"01"拖曳到舞台的中心位置，如图7-140所示。选中"底图"图层的第60帧，按F5键，插入普通帧。

（2）在"时间轴"面板中创建新图层并将其重命名为"人物1"。将"库"面板中的图形元件"人物1"拖曳到舞台中，并放置在适当的位置，如图7-141所示。选中"人物1"图层的第10帧，按F6键，插入关键帧。

（3）选中"人物1"图层的第1帧，在舞台中将"人物1"实例垂直向下拖曳到适当的位置，如图7-142所示。在"人物1"图层的第1帧上单击鼠标右键，在弹出的快捷菜单中选择"创建传统补间"命令，生成传统补间动画。

图7-140

图7-141

图7-142

（4）在"时间轴"面板中创建新图层并将其重命名为"文字1"。选中"文字1"图层的第10帧，按F6键，插入关键帧。将"库"面板中的图形元件"文字1"拖曳到舞台中，并放置在适当的位置，如图7-143所示。选中"文字1"图层的第20帧，按F6键，插入关键帧。

（5）选中"文字1"图层的第10帧，在舞台中将"文字1"实例水平向左拖曳到适当的位置，如图7-144所示。在图形"属性"面板中选择"色彩效果"选项组，在"样式"下拉列表框中选择"Alpha"选项，拖曳滑块至0%处，舞台中的效果如图7-145所示。

图7-143

图7-144

图7-145

（6）在"文字1"图层的第10帧上单击鼠标右键，在弹出的快捷菜单中选择"创建传统补间"命令，生成传统补间动画。

（7）在"时间轴"面板中创建新图层并将其重命名为"文字2"。选中"文字2"图层的第10帧，按F6键，插入关键帧。将"库"面板中的图形元件"文字2"拖曳到舞台中，并放置在适当的位置，如图7-146所示。选中"文字2"图层的第20帧，按F6键，插入关键帧。

（8）选中"文字2"图层的第10帧，在舞台中将"文字2"实例水平向右拖曳到适当的位置，如图7-147所示。在图形"属性"面板中，选择"色彩效果"选项组，在"样式"下拉列表框中选择"Alpha"选项，拖曳滑块至0%处，舞台中的效果如图7-148所示。

图7-146

图7-147

图7-148

（9）在"文字2"图层的第10帧上单击鼠标右键，在弹出的快捷菜单中选择"创建传统补间"命令，生成传统补间动画。

（10）在"时间轴"面板中创建新图层并将其重命名为"装饰"。选中"装饰"图层的第20帧，按F6键，插入关键帧。将"库"面板中的图形元件"装饰"拖曳到舞台中，并放置在适当的位置，如图7-149所示。选中"装饰"图层的第25帧，按F6键，插入关键帧。

（11）选中"装饰"图层的第20帧，在舞台中选中"装饰"实例，在图形"属性"面板中，选择"色彩效果"选项组，在"样式"下拉列表框中选择"Alpha"选项，拖曳滑块至0%处，舞台中的效果如图7-150所示。

（12）在"装饰"图层的第20帧上单击鼠标右键，在弹出的快捷菜单中选择"创建传统补间"命令，生成传统补间动画。

（13）在"时间轴"面板中创建新图层并将其重命名为"云"。选中"云"图层的第20帧，按F6键，插入关键帧。将"库"面板中的图形元件"云"拖曳到舞台中，并放置在适当的位置，如图7-151所示。选中"云"图层的第30帧，按F6键，插入关键帧。

图7-149　　　　　　　　　　图7-150　　　　　　　　　　图7-151

（14）选中"云"图层的第20帧，在舞台中将"云"实例水平向右拖曳到适当的位置，如图7-152所示。在图形"属性"面板中，选择"色彩效果"选项组，在"样式"下拉列表框中选择"Alpha"选项，拖曳滑块至0%处，舞台中的效果如图7-153所示。

（15）在"云"图层的第20帧上单击鼠标右键，在弹出的快捷菜单中选择"创建传统补间"命令，生成传统补间动画。

（16）在"时间轴"面板中创建新图层并将其重命名为"会话泡"。选中"会话泡"图层的第20帧，按F6键，插入关键帧。将"库"面板中的图形元件"会话泡"拖曳到舞台中，并放置在适当的位置，如图7-154所示。选中"会话泡"图层的第25帧，按F6键，插入关键帧。

（17）选中"会话泡"图层的第20帧，在舞台中选中"会话泡"实例，在图形"属性"面板中，选择"色彩效果"选项组，在"样式"下拉列表框中选择"Alpha"选项，拖曳滑块至0%处，舞台中的效果如图7-155所示。

图 7-152　　　　　　图 7-153　　　　　　图 7-154　　　　　　图 7-155

（18）在"会话泡"图层的第 20 帧上单击鼠标右键，在弹出的快捷菜单中选择"创建传统补间"命令，生成传统补间动画。

3　制作画面 2 动画

（1）在"时间轴"面板中创建新图层并将其重命名为"窗口"。选中"窗口"图层的第 61 帧，按 F6 键，插入关键帧。将"库"面板中的图形元件"窗户"拖曳到舞台中，并放置在适当的位置，如图 7-156 所示。选中"窗口"图层的第 120 帧，按 F5 键，插入普通帧。

（2）选中"窗口"图层的第 65 帧，按 F6 键，插入关键帧。选中"窗口"图层的第 60 帧，在舞台中将"窗户"实例垂直向上拖曳到适当的位置，如图 7-157 所示。

（3）在"窗口"图层的第 60 帧上单击鼠标右键，在弹出的快捷菜单中选择"创建传统补间"命令，生成传统补间动画。

（4）在"时间轴"面板中创建新图层并将其重命名为"人物 2"。选中"人物 2"图层的第 65 帧，按 F6 键，插入关键帧。将"库"面板中的图形元件"人物 2"拖曳到舞台中，并放置在适当的位置，如图 7-158 所示。选中"人物 2"图层的第 75 帧，按 F6 键，插入关键帧。

 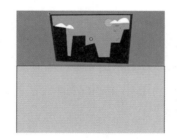 

图 7-156　　　　　　　　　图 7-157　　　　　　　　　图 7-158

（5）选中"人物 2"图层的第 65 帧，在舞台中选中"人物 2"实例，在图形"属性"面板中选择"色彩效果"选项组，在"样式"下拉列表框中选择"Alpha"选项，拖曳滑块至 0%处，舞台中的效果如图 7-159 所示。

（6）在"人物 2"图层的第 65 帧上单击鼠标右键，在弹出的快捷菜单中选择"创建传统补间"命令，生成传统补间动画。

（7）在"时间轴"面板中创建新图层并将其重命名为"人物 3"。选中"人物 3"图层的第 75 帧，按 F6 键，插入关键帧。将"库"面板中的图形元件"人物 3"拖曳到舞台中，并放置在适当的位置，如图7-160所示。选中"人物3"图层的第85帧，按F6键，插入关键帧。

（8）选中"人物3"图层的第75帧，在舞台中将"人物3"实例水平向左拖曳到适当的位置，如图7-161所示。在舞台中选中"人物3"实例，在图形"属性"面板中，选择"色彩效果"选项组，在"样式"下拉列表框中选择"Alpha"选项，拖曳滑块至0%处，舞台中的效果如图7-162所示。

图7-159　　　　　　　图7-160　　　　　　　图7-161　　　　　　图7-162

（9）在"人物3"图层的第75帧上单击鼠标右键，在弹出的快捷菜单中选择"创建传统补间"命令，生成传统补间动画。

（10）在"时间轴"面板中创建新图层并将其重命名为"人物4"。选中"人物4"图层的第75帧，按F6键，插入关键帧。将"库"面板中的图形元件"人物4"拖曳到舞台中，并放置在适当的位置，如图7-163所示。选中"人物4"图层的第85帧，按F6键，插入关键帧。

（11）选中"人物4"图层的第75帧，在舞台中将"人物4"实例水平向右拖曳到适当的位置，如图7-164所示。在舞台中选中"人物4"实例，在图形"属性"面板中，选择"色彩效果"选项组，在"样式"下拉列表框中选择"Alpha"选项，拖曳滑块至0%处，舞台中的效果如图7-165所示。

（12）在"人物4"图层的第75帧上单击鼠标右键，在弹出的快捷菜单中选择"创建传统补间"命令，生成传统补间动画。

（13）在"时间轴"面板中创建新图层并将其重命名为"装饰1"。选中"装饰1"图层的第65帧，按F6键，插入关键帧。将"库"面板中的位图"10"拖曳到舞台中，并放置在适当的位置，如图7-166所示。

图7-163　　　　　　　图7-164　　　　　　图7-165　　　　　　图7-166

④ 制作画面 3 动画

（1）在"时间轴"面板中创建新图层并将其重命名为"底图 3"。选中"底图 3"图层的第 115 帧，按 F6 键，插入关键帧。将"库"面板中的图形元件"底图"拖曳到舞台的中心位置，如图 7-167 所示。选中"底图 3"图层的第 18 帧，按 F5 键，插入普通帧。

（2）选中"底图 3"图层的第 12 帧，按 F6 键，插入关键帧。选中"底图 3"图层的第 115 帧，在舞台中选中"底图"实例，在图形"属性"面板中选择"色彩效果"选项组，在"样式"下拉列表框中选择"Alpha"选项，拖曳滑块至 0% 处。

（3）在"底图 3"图层的第 115 帧上单击鼠标右键，在弹出的快捷菜单中选择"创建传统补间"命令，生成传统补间动画。

（4）在"时间轴"面板中创建新图层并将其重命名为"火箭"。选中"火箭"图层的第 121 帧，按 F6 键，插入关键帧。将"库"面板中的图形元件"小火箭"拖曳到舞台中，并放置在适当的位置，如图 7-168 所示。

（5）选中"火箭"图层的第 130 帧，按 F6 键，插入关键帧。选中"火箭"图层的第 121 帧，在舞台中将"小火箭"实例拖曳到适当的位置，如图 7-169 所示。

图 7-167　　　　　　　　图 7-168　　　　　　　　图 7-169

（6）在图形"属性"面板中，选择"色彩效果"选项组，在"样式"下拉列表框中选择"Alpha"选项，拖曳滑块至 0% 处，舞台中的效果如图 7-170 所示。

（7）在"火箭"图层的第 121 帧上单击鼠标右键，在弹出的快捷菜单中选择"创建传统补间"命令，生成传统补间动画。

（8）在"时间轴"面板中创建新图层并将其重命名为"文字 3"。选中"文字 3"图层的第 130 帧，按 F6 键，插入关键帧。将"库"面板中的图形元件"文字 3"拖曳到舞台中，并放置在适当的位置，如图 7-171 所示。

（9）分别选中"文字 3"图层的第 140 帧、第 150 帧、第 160 帧，按 F6 键，插入关键帧。选中"文字 3"图层的第 130 帧，在舞台中将"文字 3"实例垂直向上拖曳到适当的位置，如图 7-172 所示。

（10）选中"文字 3"图层的第 150 帧，在舞台中将"文字 3"实例垂直向上拖曳到适当的位置，如图 7-173 所示。

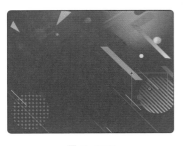

图 7-170　　　　　　　　　　图 7-171　　　　　　　　　　图 7-172

（11）按 Ctrl+T 组合键，弹出"变形"面板，将"缩放宽度"和"缩放高度"均设为120%，效果如图 7-174 所示。

（12）分别在"文字 3"图层的第 130 帧、第 140 帧、第 150 帧上单击鼠标右键，在弹出的快捷菜单中选择"创建传统补间"命令，生成传统补间动画，如图 7-175 所示。

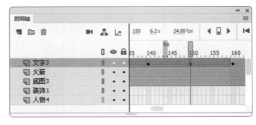

图 7-173　　　　　　　　　　图 7-174　　　　　　　　　　图 7-175

（13）在"时间轴"面板中创建新图层并将其重命名为"动作脚本"。选中"动作脚本"图层的第 180 帧，按 F6 键，插入关键帧。选择"窗口>动作"命令，弹出"动作"面板，在"动作"面板中设置动作脚本，如图 7-176 所示。设置好动作脚本后，关闭"动作"面板。在"动作脚本"图层的第 180 帧上会显示出一个标记"a"，如图 7-177 所示。说点啥节目片头制作完成，按 Ctrl+Enter 组合键查看效果，如图 7-178 所示。

图 7-176　　　　　　　　　　图 7-177　　　　　　　　　　图 7-178

7.2.5　扩展实践：制作卡通歌曲片头

　　使用"导入到库"命令导入素材文件，使用"帧"命令延长动画的播放时间，使用"新建元件"命令创建影片剪辑元件；使用"插入关键帧"命令制作帧动画效果，使用"动作"面板，添加动作脚本，使用"声音"文件为动画添加音效，使动画变得更生动。最终效果参看云盘中的"Ch07> 效果 >7.2- 制作卡通歌曲片头"，如图 7-179 所示。

制作卡通歌曲片头 1　　制作卡通歌曲片头 2

图 7-179

任务 7.3　项目演练：制作《梦想少年》动画片头

制作《梦想少年》　制作《梦想少年》　制作《梦想少年》　制作《梦想少年》　制作《梦想少年》
动画片头 1　　　动画片头 2　　　动画片头 3　　　动画片头 4　　　动画片头 5

7.3.1　任务引入

《梦想少年》是一部介绍少年的梦想与青春生活的动画。本任务要求读者制作《梦想少年》动画片头，要求体现清新、文艺的风格。

7.3.2　设计理念

用蓝天作为背景衬托清新、健康的氛围；少年依靠在大树下的主图片展示出少年对梦想的憧憬与期盼，贴合动画主题；动画的名称使用渐变的效果，在画面中更加突出，让人印象深刻。最终效果参看云盘中的"Ch07> 效果 >7.3- 制作《梦想少年》动画片头"，如图 7-180 所示。

图 7-180

项目8

制作精美网页
——网页设计

　　网页是构成网站的基本元素，网页设计是对网站界面的全方位设计，通过严谨的策划分析、合理的内容规划、成熟的创意设计可以设计出精美的网页作品。应用Animate技术制作的网页打破了以往静止、呆板的网页设计风格，它将网页与动画、音效和视频结合，使网页变得丰富多彩并提升了网页的交互性。本项目以多个主题的网页的设计制作为例，介绍网页的设计构思和制作方法。通过本项目的学习，读者可以掌握网页设计的要领和技巧，从而制作出不同风格的网页作品。

学习引导

知识目标
- 了解网页设计的概念；
- 掌握网页设计的流程及原则。

能力目标
- 熟悉网页的设计思路和过程；
- 掌握网页的制作方法和技巧。

素养目标
- 培养对网页的设计创作能力；
- 培养对网页的审美能力。

实训任务
- 制作化妆品网页；
- 制作购物狂欢节网页。

相关知识：网页设计基础

1 网页设计的概念

网页设计是根据企业希望向用户传递的信息先进行网站功能策划，然后进行页面设计美化的工作。网页设计包含了信息架构设计、网页图形设计、用户界面设计、用户体验设计和 Banner 设计等，网页效果如图 8-1 所示。

图 8-1

2 网页设计的流程

网页设计可以按照网站策划、交互设计、交互自查、界面设计、界面测试、设计验证的步骤来进行，如图 8-2 所示。

图 8-2

3 网页设计的原则

网页设计的原则可以分为直截了当、简化交互、足不出户、提供邀请、巧用过渡、即时反应六大原则，网页效果如图 8-3 所示。

图 8-3

任务 8.1 制作化妆品网页

制作化妆品网页 1　制作化妆品网页 2

8.1.1 任务引入

制作化妆品网页 3

该化妆品网页主要是对化妆品的产品系列和功能特色进行介绍。本任务要求读者首先了解按钮事件；然后通过制作化妆品网页，掌握美妆类网页的制作技巧与设计思路。设计要求突出化妆品的产品特性，营造出典雅的氛围。

8.1.2 设计理念

网页界面以蓝色为主色调，令人舒适、愉悦；背景使用雅致的花朵点缀，烘托女性的柔美气质；标签栏设计很好地展示了不同类别的化妆品，细致贴心。最终效果参看云盘中的"Ch08> 效果 >8.1- 制作化妆品网页"，如图 8-4 所示。

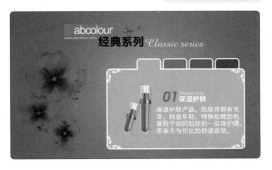

图 8-4

8.1.3　任务知识：按钮事件

1　播放和停止动画

控制动画的播放和停止使用的动作脚本如下。

（1）stop()：用于在某帧停止播放。

例如：

```
stop();
```

（2）gotoAndStop()：用于转到某帧并停止播放。

例如：

```
stop_Btn.addEventListener(MouseEvent.CLICK,nowstop);
function nowstop(event:MouseEvent):void{
  gotoAndStop(2);
}
```

（3）gotoAndPlay()：用于转到某帧并开始播放。

例如：

```
start_Btn.addEventListener(MouseEvent.CLICK,nowstart);
function nowstart(event:MouseEvent):void{
  gotoAndPlay(2);
}
```

（4）addEventListener()：用于添加事件的方法。

例如：

```
要接收事件的对象 .addEventListener（事件类型 . 事件名称，事件响应函数的名称）；
{
// 此处为响应的事件要执行的动作
}
```

选择"文件＞打开"命令，在弹出的"打开"对话框中，选择云盘中的"基础素材＞Ch08＞01"文件，单击"打开"按钮，打开文件，如图 8-5 所示。

在"时间轴"面板中创建新图层并将其重命名为"按钮"。分别将"库"面板中的按钮元件"播放"和"停止"拖曳到舞台中，并放置在适当的位置，如图 8-6 所示。

选择选择工具 ▶，在舞台中选中"播放"按钮实例，在"属性"面板中将"实例名称"设为 start_Btn，如图 8-7 所示。用相同的方法将"停止"按钮实例的"实例名称"设为 stop_Btn，如图 8-8 所示。

图 8-5   图 8-6   图 8-7   图 8-8

在"时间轴"面板中创建新图层并将其重命名为"动作脚本"。选择"窗口 > 动作"命令，弹出"动作"面板，在"动作"面板中设置动作脚本，如图 8-9 所示。设置完成动作脚本后，关闭"动作"面板。在"动作脚本"图层中的第 1 帧上将显示出一个标记"a"。

按 Ctrl+Enter 组合键查看动画效果。单击播放按钮，动画开始播放，如图 8-10 所示；单击停止按钮，动画停止播放，如图 8-11 所示。

图 8-9   图 8-10   图 8-11

② 按钮事件

按钮是交互动画的常用控制方式，可以利用按钮来控制和影响动画的播放，实现页面的链接、场景的跳转等功能。

打开云盘中的"基础素材 >Ch08>02"文件，如图 8-12 所示。按 Ctrl+L 组合键，打开"库"面板，如图 8-13 所示。在"库"面板中，在按钮元件"Play"上单击鼠标右键，在弹出的快捷菜单中选择"属性"命令，弹出"元件属性"对话框。勾选"为 ActionScript 导出"复选框，在"类"文本框中输入类名称"playbutton"，如图 8-14 所示。单击"确定"按钮，完成元件属性的设置。

图 8-12   图 8-13   图 8-14

单击"时间轴"面板上方的"新建图层"按钮，新建图层并将其重命名为"动作脚本"。选择"窗口 > 动作"命令，弹出"动作"面板（快捷键为 F9 键），在其中输入动作脚本，如图 8-15 所示。按 Ctrl+Enter 组合键查看效果，如图 8-16 所示。

图 8-15

图 8-16

输入的代码如下：

```
stop();
// 处于静止状态
var playBtn:playbutton = new playbutton();
// 创建一个按钮实例
playBtn.addEventListener( MouseEvent.CLICK, handleClick );
// 为按钮实例添加监听器
var stageW=stage.stageWidth;
var stageH=stage.stageHeight;
// 设置舞台的宽和高
playBtn.x=stageW/1.1;
playBtn.y=stageH/1.1;
this.addChild(playBtn);
// 添加按钮到舞台中，并将其放置在舞台的左下角（"stageW/1.1""stageH/1.1"表示宽和高在 x 轴和 y 轴的坐标）
function handleClick( event:MouseEvent ) {
    gotoAndPlay(2);
}
// 单击按钮时跳到下一帧并开始播放动画
```

8.1.4 任务实施

1 绘制标签

（1）在欢迎页的"详细信息"栏中，将"宽"设为 650，"高"设为 400，在"平台类型"下拉列表框中选择"ActionScript 3.0"选项，单击"创建"按钮，完成文件的创建。按

Ctrl+J 组合键，弹出"文档设置"对话框，将"舞台颜色"设为蓝色（#0099FF），单击"确定"按钮，完成舞台颜色的修改。

（2）选择"文件 > 导入 > 导入到库"命令，在弹出的"导入到库"对话框中选择云盘中的"Ch08> 素材 >8.1 制作化妆品网页 >01 ～ 06"文件，单击"打开"按钮，文件将被导入"库"面板中，如图 8-17 所示。

（3）在"库"面板中新建一个图形元件"标签"，如图 8-18 所示，舞台也随之转换为图形元件的舞台。选择矩形工具▣，在矩形工具的"属性"面板中，将"笔触颜色"设为白色，"填充颜色"设为浅蓝色（#74D8F4），"笔触"设为 3，其他选项的设置如图 8-19 所示。在舞台中绘制一个圆角矩形，效果如图 8-20 所示。

图 8-17   图 8-18   图 8-19   图 8-20

（4）选择选择工具▶，选中圆角矩形的下半部分，按 Delete 键删除，效果如图 8-21 所示。在"库"面板中新建一个按钮元件"按钮"，舞台也随之转换为按钮元件的舞台。将"库"面板中的图形元件"标签"拖曳到舞台中，如图 8-22 所示。

（5）在舞台中选中"标签"实例，按 Ctrl+B 组合键将其分离，在边线上双击将其选中，按 Delete 键将其删除，效果如图 8-23 所示。

图 8-21   图 8-22   图 8-23

② 制作影片剪辑

（1）在"库"面板中新建一个影片剪辑元件"产品介绍"，舞台也随之转换为影片剪辑元件的舞台。将"图层 _1"图层重命名为"彩色标签"。将"库"面板中的图形元件"标签"向舞台中拖曳 4 次，并使舞台中的各实例保持同一水平高度，效果如图 8-24 所示。

（2）选中从左边数的第 2 个"标签"实例，按 Ctrl+B 组合键将其分离，在"颜色"面板中将"填充颜色"设为深绿色（#139EC5），舞台中的效果如图 8-25 所示。

（3）用步骤（2）中的方法对其他"标签"实例进行操作，将左数第3个标签的"填充颜色"设为青蓝色（#48C45A），将左数第4个标签的"填充颜色"设为蓝色（#0049A3），效果如图8-26所示。选中"彩色标签"图层的第4帧，按F5键，插入普通帧。

图 8-24　　　　　　　图 8-25　　　　　　　图 8-26

（4）在"时间轴"面板中创建新图层并将其重命名为"彩色块"。选择矩形工具 ▢，在舞台中绘制一个圆角矩形，效果如图8-27所示。分别选中"彩色块"图层的第2帧、第3帧、第4帧，按F6键，插入关键帧。

（5）选中"彩色块"图层的第1帧，选择橡皮擦工具 ◆，在工具箱下方选择"擦除线条"模式 ◉，将圆角矩形与第1个标签重合的部分擦除，效果如图8-28所示。

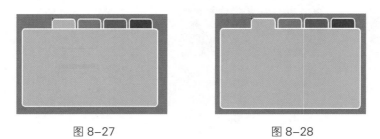

图 8-27　　　　　　　　　　　图 8-28

（6）选中"彩色块"图层的第2帧，在舞台中选中圆角矩形，将其填充颜色设成第2个标签的颜色，将圆角矩形与第2个标签重合的部分擦除，效果如图8-29所示。

（7）用步骤（6）的方法分别对"彩色块"图层的第3帧、第4帧进行操作，将各帧对应的舞台中的圆角矩形的填充颜色分别设成第3个、第4个标签的颜色，并将各圆角矩形与对应标签重合的部分擦除，效果如图8-30所示。

（8）在"时间轴"面板中创建新图层并将其命重名为"按钮"。将"库"面板中的按钮元件"按钮"向舞台中拖曳4次，分别与各彩色标签重合，效果如图8-31所示。

图 8-29　　　　　　　图 8-30　　　　　　　图 8-31

（9）选择选择工具 ▶，在舞台中选中左数第1个"按钮"实例，在按钮"属性"面板的"实例名称"文本框中输入a，如图8-32所示。选中左数第2个"按钮"实例，在按钮"属性"面板的"实例名称"文本框中输入b，如图8-33所示。

（10）选中左数第3个"按钮"实例，在按钮"属性"面板的"实例名称"文本框中输入 c，如图 8-34 所示。选中左数第 4 个"按钮"实例，在按钮"属性"面板的"实例名称"文本框中输入 d，如图 8-35 所示。

图 8-32　　　　　　　　图 8-33　　　　　　　　图 8-34　　　　　　　　图 8-35

（11）在"时间轴"面板中创建新图层并将其重命名为"产品介绍"。分别选中"产品介绍"图层的第 2 帧、第 3 帧、第 4 帧，按 F6 键，插入关键帧。选中"产品介绍"图层的第 1 帧，将"库"面板中的位图"02"拖曳到舞台中，效果如图 8-36 所示。

（12）选择文本工具 T ，在文本工具的"属性"面板中进行设置。在舞台中分别输入红色（#D54261）文字"01"、白色文字"保湿护肤 Moisturizing"和白色说明文字，效果如图 8-37 所示。

（13）选中"产品介绍"图层的第 2 帧，将"库"面板中的位图"03"拖曳到舞台中，在文本工具的"属性"面板中进行设置。在舞台中分别输入红色（#D54261）文字"02"、白色文字"美白养颜 Whitening"和白色说明文字，效果如图 8-38 所示。

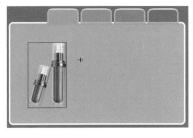 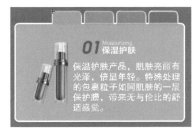 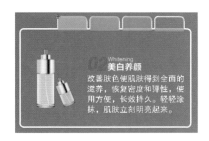

图 8-36　　　　　　　　　　图 8-37　　　　　　　　　　图 8-38

（14）选中"产品介绍"图层的第 3 帧，将"库"面板中的位图"04"拖曳到舞台中，在文本工具的"属性"面板中进行设置，在舞台中分别输入红色（#D54261）文字"03"、白色文字"补水滋养 Replenishment"和白色说明文字，效果如图 8-39 所示。

（15）选中"产品介绍"图层的第 4 帧，将"库"面板中的位图"05"拖曳到舞台中，在文本工具的"属性"面板中进行设置。在舞台中分别输入红色（#D54261）文字"04"、白色文字"自然彩妆 Makeup"和白色说明文字，效果如图 8-40 所示。

（16）在"时间轴"面板中创建新图层并将其重命名为"花纹边"，选中"花纹边"图层的第 1 帧，将"库"面板中的位图"06"拖曳到舞台中，并放置在适当的位置，如图 8-41 所示。

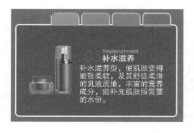

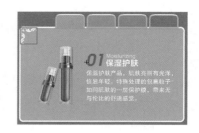

图 8-39　　　　　　　　　　图 8-40　　　　　　　　　　图 8-41

（17）选择选择工具 ▶，按住 Alt 键，将舞台中的"06"实例拖曳到适当的位置进行复制。选择"修改 > 变形 > 水平翻转"命令，水平翻转复制的实例，效果如图 8-42 所示。

（18）选中"花纹边"图层，按住 Alt 键，将舞台中的实例拖曳到适当的位置进行复制。选择"修改 > 变形 > 垂直翻转"命令，垂直翻转复制的实例，效果如图 8-43 所示。

（19）在"时间轴"面板中创建新图层并将其重命名为"动作脚本"。按 F9 键，在弹出的"动作"面板中输入动作脚本，如图 8-44 所示。设置好动作脚本后，关闭"动作"面板。在"动作脚本图层"的第 1 帧上会显示出一个标记"a"。

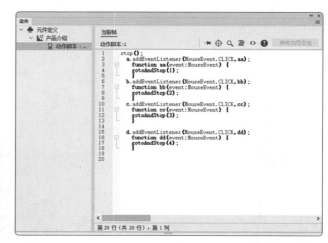

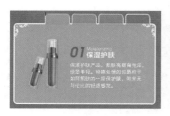

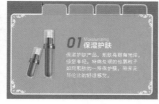

图 8-42　　　　　　　　图 8-43　　　　　　　　　　图 8-44

③ 制作场景动画

（1）单击舞台左上方的场景名称"场景 1"，进入"场景 1"的舞台，将"图层_1"重命名为"底图"。将"库"面板中的位图"01"拖曳到舞台中，并放置在与舞台中心重叠的位置，如图 8-45 所示。

（2）在"时间轴"面板中创建新图层并将其重命名为"色块"。选择"窗口 > 颜色"命令，弹出"颜色"面板，将"笔触颜色"设为无，单击"填充颜色"按钮 ▶□，在"颜色类型"下拉列表框中选择"线性渐变"选项，在色带上将左边的颜色控制点设为青色（#00A6E4），将右边的颜色控制点设为深青色（#00A6E3），生成渐变色，如图 8-46 所示。选择矩形工具 ▣，在舞台中绘制一个矩形，效果如图 8-47 所示。

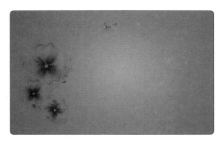
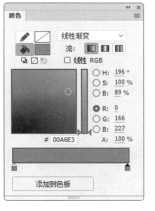
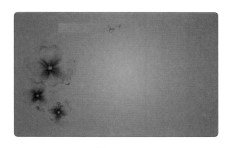

图 8-45   图 8-46   图 8-47

（3）在"时间轴"面板中创建新图层并将其重命名为"文字"。选择文本工具 **T**，在文本工具的"属性"面板中进行设置。先在舞台中适当的位置输入大小为 30，字体为"Arial"的白色英文，文字效果如图 8-48 所示。然后在舞台中适当的位置输入大小为 10、字体为"Arial"的白色英文，文字效果如图 8-49 所示。再在舞台中适当的位置输入大小为 30，字体为"方正兰亭粗黑简体"的黑色文字，文字效果如图 8-50 所示。

图 8-48   图 8-49   图 8-50

（4）在舞台中适当的位置输入大小为 30，字体为"Amazone BT"的白色英文，文字效果如图 8-51 所示。

（5）在"时间轴"面板中创建新图层并将其重命名为"产品介绍"，将"库"面板中的影片剪辑元件"产品介绍"拖曳到舞台中。化妆品网页制作完成，按 Ctrl+Enter 组合键查看效果，效果如图 8-52 所示。

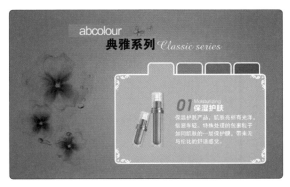

图 8-51   图 8-52

8.1.5 扩展实践：制作美食网页

使用"导入"命令导入素材文件，使用"创建传统补间"命令制作美食动画效果，使用"动作"面板添加动作脚本。最终效果参看云盘中的"Ch08> 效果 >8.1.5 扩展实践：制作美食网页"，如图 8-53 所示。

图 8-53

任务 8.2   制作购物狂欢节网页

制作购物狂欢节
网页

8.2.1 任务引入

购物狂欢节网页是某电商平台的活动页面，用于介绍各品牌的优惠活动内容。本任务要求读者首先了解如何制作鼠标跟随效果；然后通过制作购物狂欢节网页，掌握电商类网页的制作技巧与设计思路。要求画面设计要具有感染力，主题突出。

8.2.2 设计理念

标题文字立体感强，醒目突出；店庆的活动信息清晰明确，能够使消费者快速接收到主要信息，从而达到宣传的目的；时尚漂亮的装饰使画面更加美观。最终效果参看云盘中的"Ch08> 效果 >8.2- 制作购物狂欢节网页"，如图 8-54 所示。

图 8-54

8.2.3 任务知识：鼠标跟随效果

控制鼠标跟随使用的脚本如下：

```
root.addEventListener(Event.ENTER_FRAME, 元件实例);
function 元件实例 (e:Event) {
  var h:元件 = new 元件 ();
// 添加一个元件实例
  h.x=root.mouseX;
  h.y=root.mouseY;
// 设置元件实例在 x 轴和 y 轴的坐标位置
  root.addChild(h);
// 将元件实例放入场景
}
```

打开云盘中的"基础素材 >Ch08>03"文件。在"库"面板中的影片剪辑元件"图形动"上单击鼠标右键,在弹出的快捷菜单中选择"属性"命令,弹出"元件属性"对话框。勾选"为 ActionScript 导出"复选框,在"类"文本框中输入类名称"Box",如图 8-55 所示。单击"确定"按钮,完成元件属性的设置。

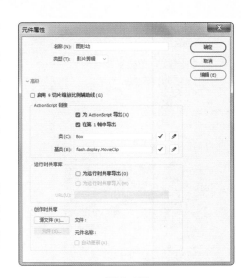

在"时间轴"面板中创建新图层并将其重命名为"动作脚本"。选择"窗口 > 动作"命令,弹出"动作"面板(快捷键为 F9 键),在其中输入动作脚本,"动作"面板中的效果如图 8-56 所示。

图 8-55

选择"文件 > ActionScript 设置"命令,弹出"高级 ActionScript 3.0 设置"对话框。在对话框中取消勾选"严谨模式"复选框,如图 8-57 所示,单击"确定"按钮。鼠标跟随效果制作完成,按 Ctrl+Enter 组合键查看效果,如图 8-58 所示。

图 8-56

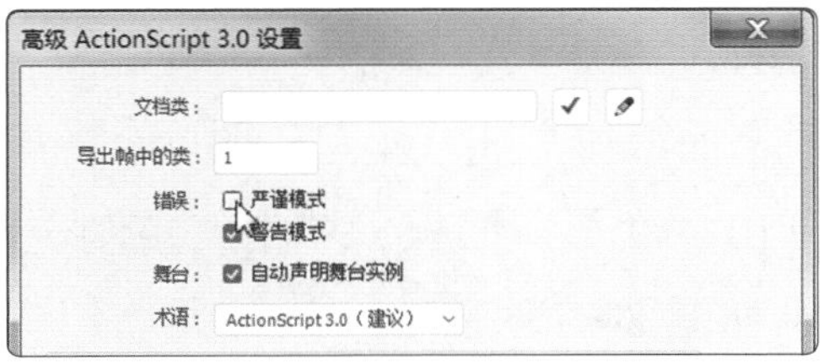

图 8-57

图 8-58

8.2.4 任务实施

(1)在欢迎页的"详细信息"栏中,将"宽"设为 800,"高"设为 565,在"平台类型"下拉列表框中选择"ActionScript 3.0"选项,单击"创建"按钮,完成文件的创建。按

Ctrl+J组合键，弹出"文档设置"对话框，将"舞台颜色"设为洋红色（#FF33CC），单击"确定"按钮，完成舞台颜色的修改。

（2）按Ctrl+F8组合键，弹出"创建新元件"对话框。在"名称"文本框中输入"星星"，在"类型"下拉列表框中选择"影片剪辑"选项，单击"确定"按钮，新建影片剪辑元件"星星"，如图8-59所示，舞台也随之转换为影片剪辑元件的舞台。

（3）将"图层_1"图层重命名为"星星"。选择椭圆工具◎，在工具箱中将"笔触颜色"设为无、"填充颜色"设为白色，在舞台中绘制1个椭圆，如图8-60所示。选择选择工具▶，选中白色椭圆，如图8-61所示。

（4）选择"窗口>颜色"命令，弹出"颜色"面板，单击"笔触颜色"按钮✐■，将"笔触颜色"设为无。单击"填充颜色"按钮🖌□，在"类型"下拉列表框中选择"径向渐变"选项，在色带上设置3个颜色控制点，选中色带上左侧的颜色控制点，将其设为白色，并将"A"设为20%；选中色带上中间的颜色控制点，将其设为白色；选中色带上右侧的颜色控制点，也将其设为白色，并将"A"设为0%，生成渐变色，如图8-62所示，效果如图8-63所示。

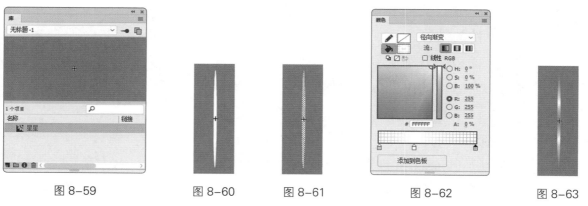

图8-59　　　　图8-60　　　图8-61　　　　　图8-62　　　　　图8-63

（5）选择渐变变形工具▣，单击渐变椭圆，将出现4个控制点和1个圆形外框，如图8-64所示。将鼠标指针放置在图8-65所示的位置，按住鼠标左键并向左拖曳到适当的位置，调整渐变色的过渡效果，如图8-66所示。

（6）在"时间轴"面板中单击"星星"图层，将该层中的对象全部选中，如图8-67所示。按Ctrl+T组合键，弹出"变形"面板，单击"重制选区和变形"按钮▣，复制图形，将"旋转"设为90°，效果如图8-68所示。

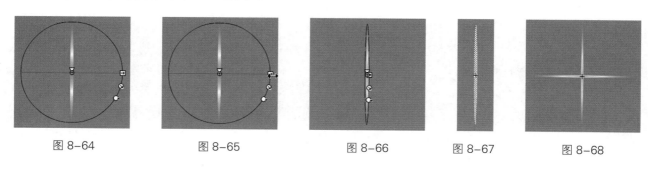

图8-64　　　　　　图8-65　　　　　　图8-66　　　　图8-67　　　　　图8-68

（7）在"时间轴"面板中单击"星星"图层，将该层中的对象全部选中，如图8-69所示。单击"变形"面板下方的"重制选区和变形"按钮 🔳，复制图形，将"缩放宽度"和"缩放高度"均设为70%、"旋转"设为45°，效果如图8-70所示。

（8）选中"星星"图层的第2帧，按F6键，插入关键帧。在"颜色"面板中选中色带上中间的颜色控制点，将其设为黄色（#E9FF1A），生成渐变色，如图8-71所示，效果如图8-72所示。

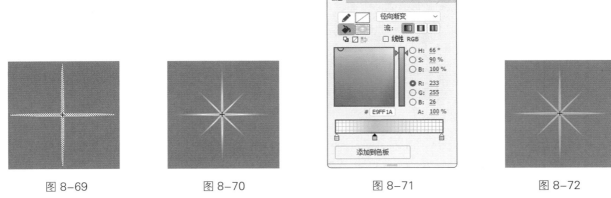

图8-69　　　　　图8-70　　　　　图8-71　　　　　图8-72

（9）选中"星星"图层的第3帧，按F6键，插入关键帧。在"颜色"面板中选中色带上中间的颜色控制点，将其设为绿色（#1DEB1D），生成渐变色，如图8-73所示，效果如图8-74所示。

（10）选中"星星"图层的第4帧，按F6键，插入关键帧。在"颜色"面板中选中色带上中间的颜色控制点，将其设为红色（#FF1111），生成渐变色，如图8-75所示，效果如图8-76所示。

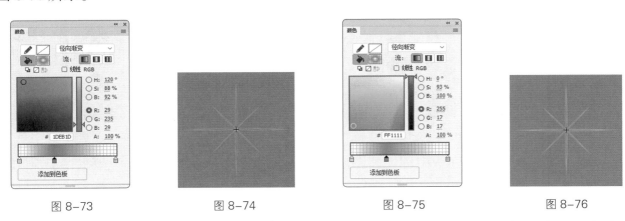

图8-73　　　　　图8-74　　　　　图8-75　　　　　图8-76

（11）在"时间轴"面板中创建新图层并将其重命名为"圆点"。选择"窗口>颜色"命令，弹出"颜色"面板。单击"填充颜色"按钮 🖌▢，在"颜色类型"下拉列表框中选择"径向渐变"选项，在色带上将左侧的颜色控制点设为白色，将右侧的颜色控制点设为白色，并将"A"设为0%，生成渐变色，如图8-77所示。

（12）选择椭圆工具 ◎，在工具箱中将"笔触颜色"设为无，"填充颜色"设为刚设置的渐变色。在按住 Shift 键的同时，在舞台中绘制 1 个圆形，如图 8-78 所示。

（13）选中"圆点"图层的第 2 帧，按 F6 键，插入关键帧。在"颜色"面板中选中色带上左侧的颜色控制点，将其设为黄色（#E9FF1A），生成渐变色，如图 8-79 所示，效果如图 8-80 所示。

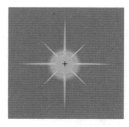

图 8-77　　　　　　　图 8-78　　　　　　　图 8-79　　　　　　　图 8-80

（14）选中"圆点"图层的第 3 帧，按 F6 键，插入关键帧。在"颜色"面板中选中色带上左侧的颜色控制点，将其设为绿色（#1DEB1D），生成渐变色，如图 8-81 所示，效果如图 8-82 所示。

（15）选中"圆点"图层的第 4 帧，按 F6 键，插入关键帧。在"颜色"面板中选中色带上左侧的颜色控制点，将其设为红色（#FF1111），生成渐变色，如图 8-83 所示，效果如图 8-84 所示。

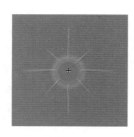

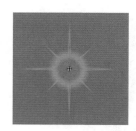

图 8-81　　　　　　　图 8-82　　　　　　　图 8-83　　　　　　　图 8-84

（16）在"时间轴"面板中创建新图层并将其重命名为"动作脚本"。选中"动作脚本"图层的第 1 帧，选择"窗口 > 动作"命令，弹出"动作"面板（快捷键为 F9 键）。在"动作"面板中设置动作脚本，如图 8-85 所示。

（17）单击舞台左上方的场景名称"场景 1"，进入"场景 1"的舞台。将"图层_1"图层重新命名为"底图"，如图 8-86 所示。按 Ctrl+R 组合键，在弹出的"导入"对话框中，选择云盘中的"Ch08> 素材 >8.2 制作购物狂欢节网页 >01"文件，单击"打开"按钮，将文件导入舞台中，并将其拖曳到舞台中心的位置，效果如图 8-87 所示。

图 8-85   图 8-86   图 8-87

（18）在"库"面板中影片元件"星星"上单击鼠标右键，在弹出的快捷菜单中选择"属性"命令，弹出"元件属性"对话框。勾选"为 ActionScript 导出"复选框，在"类"文本框中输入类名称"star"，如图 8-88 所示。单击"确定"按钮，"库"面板中的效果如图 8-89所示。

图 8-88   图 8-89

（19）在"时间轴"面板中创建新图层并将其重命名为"动作脚本"。在"动作"面板中设置动作脚本，如图 8-90 所示。购物狂欢节网页制作完成，按 Ctrl+Enter 组合键查看效果，如图 8-91 所示。

图 8-90   图 8-91

8.2.5 扩展实践：制作滑雪场网页

使用矩形工具、文本工具制作按钮效果，使用"影片剪辑"元件制作导航条动画效果，使用"创建传统补间"命令制作动画效果，使用"属性"面板改变实例的不透明度，使用"动作"面板添加动作脚本。最终效果参看云盘中的"Ch08> 效果 >8.2.5 扩展实践：制作滑雪场网页"，如图 8-92 所示。

制作滑雪场网页 1

制作滑雪场网页 2

制作滑雪场网页 3

图 8-92

任务 8.3　项目演练：制作礼物定制网页

8.3.1 任务引入

优选是一个新兴的礼物定制平台，可以实现礼物的定制、支付、派送等功能。本任务要求读者制作礼物定制网页，要求设计注意界面的美观度和布局的合理性，操作方式应简单合理，以方便用户浏览和操作。

制作礼物定制网页 1

制作礼物定制网页 2

制作礼物定制网页 3

8.3.2 设计理念

整个页面简洁大方、结构清晰，有利于用户进行商务查询和交易；网页上方的标志和导航栏的设计简洁明快，方便用户浏览和交换商务信息。最终效果参看云盘中的"Ch08> 效果 >8.3- 制作礼物定制网页"，如图 8-93 所示。

图 8-93

项目9

制作宣传广告
——动态海报设计

09

动态海报的产生得益于新媒体的发展。动态海报打破了传统海报二维的展现形式，运用崭新的动态图形为用户带来了更为深刻的视觉体验与感受。通过本项目的学习，读者可以掌握动态海报的设计方法和制作技巧。

🔍 学习引导

🖥 知识目标

- 了解动态海报的概念；
- 掌握动态海报的视觉表现；
- 了解动态海报的优势。

📋 能力目标

- 熟悉动态海报的设计思路和视觉表现；
- 掌握动态海报的制作方法和技巧。

📝 素养目标

- 培养对动态海报的设计创作能力；
- 培养对动态海报的视觉表现能力。

📊 实训任务

- 制作运动鞋促销海报；
- 制作美妆类微信公众号横版海报。

相关知识： 动态海报设计基础

① 动态海报的概念

动态海报是在传统海报的基础上，运用动态图像技术对图像、图形、影像、文字、色彩和版式等视觉元素进行全新的设计，并在数字媒体中发布展现的海报效果。动态海报作为一种全新的表现形式，给人带来一种全新的视觉体验，如图9-1所示。

图 9-1

② 动态海报的视觉表现

动态海报的视觉表现是海报视觉元素的表现，主要包括图形、图像和影像的运动，色彩的变换，文字的变化和版式的表现，如图9-2所示。

图 9-2

③ 动态海报的优势

动态海报和传统海报相比有比较明显的优势，包括信息量更大、视觉效果更强烈、情感体验更丰富、表现形式更多样，如图9-3所示。

图 9-3

任务 9.1 制作运动鞋促销海报

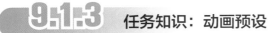

制作运动鞋
促销海报

9.1.1 任务引入

傲米商城是一家亲民的综合性购物商城，主营服饰、生活用品、花卉等，现商场要为一款运动鞋设计促销海报。本任务要求读者首先了解动画预设的相关知识；然后通过制作运动鞋促销海报，掌握服饰类促销海报的制作技巧与设计思路。要求设计简洁，突出优惠活动。

9.1.2 设计理念

用实景作为背景使页面看起来自然、清爽，突出运动、健康的主题；明亮的色彩可提升消费者的愉悦感；运动鞋和优惠信息搭配，主题醒目，宣传效果较好。最终效果参看云盘中的"Ch09> 效果 >9.1- 制作运动鞋促销海报"，如图 9-4 所示。

图 9-4

9.1.3 任务知识：动画预设

1 预览动画预设

Animate 中的每个动画预设都可在"动画预设"面板中预览。通过预览，用户可以了解将动画预设应用于 FLA 文件中的对象时获得的效果。

选择"窗口＞动画预设"命令，弹出"动画预设"面板，如图9-5所示。单击"默认预设"文件夹前面的三角图标，展开默认预设选项，选择其中一个默认的预设选项，即可预览默认的动画预设，如图9-6所示。要停止播放动画预设，可在"动画预设"面板外单击。

图9-5　　　　　　　　　　　　图9-6

② 应用动画预设

在舞台上选中可补间的对象（元件实例或文本字段）后，可单击"应用"按钮来应用动画预设。每个对象只能应用一个动画预设。如果将第二个动画预设应用于相同的对象，则第二个动画预设将替换第一个动画预设。

将动画预设应用于舞台上的对象后，在时间轴中创建的补间就不再与"动画预设"面板有任何关系了。在"动画预设"面板中删除或重命名某个动画预设，对以前使用该动画预设创建的所有补间没有任何影响。如果在"动画预设"面板中的现有动画预设上保存新的动画预设，它对使用原始动画预设创建的任何补间没有影响。

每个动画预设都包含特定数量的帧。在应用动画预设时，在时间轴中创建的补间将包含此数量的帧。如果目标对象已应用了不同长度的补间，补间范围将进行调整，以符合动画预设的长度。可在应用动画预设后调整时间轴中补间的长度。

包含3D动画的动画预设只能应用于影片剪辑元件。已补间的3D属性不适用于图形或按钮元件，也不适用于文本字段。可以将2D或3D动画预设应用于任何2D或3D影片剪辑元件。

提示　　如果动画预设对3D影片剪辑元件的z轴位置进行了动画处理，则该影片剪辑元件在显示时也会改变其x轴和y轴的位置。这是因为z轴上的移动是沿着从3D消失点（在3D元件实例属性检查器中设置）辐射到舞台边缘的不可见透视线执行的。

打开云盘中的"基础素材＞Ch09＞01"文件，如图9-7所示。单击"时间轴"面板中的"新建图层"按钮 ，新建"图层_1"图层。将"库"面板中的图形元件"足球"拖曳到舞台中，并放置在适当的位置，如图9-8所示。

选择"窗口＞动画预设"命令，弹出"动画预设"面板，如图9-9所示。单击"默认预设"文件夹前面的三角图标，展开默认预设选项，如图9-10所示。在舞台中选择"足球"实例，在"动画预设"面板中选择"多次跳跃"选项，如图9-11所示。

图 9-7　　　　　　图 9-8　　　　　　图 9-9　　　　　　图 9-10　　　　　　图 9-11

单击"动作预设"面板右下角的"应用"按钮，为"足球"实例添加动画预设，舞台中的效果如图 9-12 所示，"时间轴"面板的效果如图 9-13 所示。

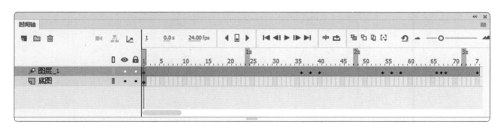

图 9-12　　　　　　　　　　　　　　　　　　图 9-13

选择"选择"工具▶，在舞台中向上拖曳"足球"实例到适当的位置，如图 9-14 所示。选中"底图"图层的第 75 帧，按 F5 键，插入普通帧，如图 9-15 所示。

按 Ctrl+Enter 组合键测试动画效果，在动画中足球会自上而下地降落，弹起后再落下。

图 9-14　　　　　　　　　　图 9-15

❸ 将补间另存为自定义动画预设

如果用户想将自己创建的补间，或对从"动画预设"面板应用的补间进行更改，可将它另存为新的动画预设。新的动画预设将显示在"动画预设"面板中的"自定义预设"文件夹中。

选择基本椭圆工具◉，在工具箱中将"笔触颜色"设为无、"填充颜色"设为渐变色，在舞台中绘制 1 个圆形，如图 9-16 所示。

选择选择工具▶，在舞台中选中圆形，按 F8 键，弹出"转换为元件"对话框。在"名称"文本框中输入"球"，在"类型"下拉列表框中选择"图形"选项，如图 9-17 所示。单击"确定"按钮，将圆形转换为图形元件。

在"球"实例上单击鼠标右键，在弹出的快捷菜单中选择"创建补间动画"命令，生成补间动画。在舞台中，将"球"实例向右拖曳到适当的位置，如图 9-18 所示。

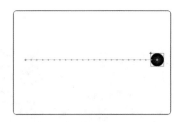

图 9-16　　　　　　　　　　　　　　图 9-17　　　　　　　　　　　　　　图 9-18

选择选择工具 ▶，将鼠标指针放置在运动路线上，当鼠标指针变为 ▶ 时，按住鼠标左键并向上拖曳到适当的位置，将运动路线调为弧线，效果如图 9-19 所示。

在"时间轴"面板中单击"图层 _1"图层，将该层中的所有补间选中。单击"动画预设"面板下方的"将选区另存为预设"按钮 ▣，弹出"将预设另存为"对话框。在"预设名称"文本框中输入一个名称，如图 9-20 所示，单击"确定"按钮，完成将补间另存为自定义动画预设的操作，"动画预设"面板如图 9-21 所示。

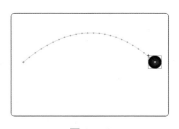

图 9-19　　　　　　　　　　　　　　图 9-20　　　　　　　　　　　　　　图 9-21

提示

　　　　动画预设只能包含补间动画。传统补间不能保存为动画预设。自定义动画预设存储在"自定义预设"文件夹中。

④ 导入和导出动画预设

在 Animate CC 2019 中可以导入和导出动画预设。

◎ 导入动画预设

将动画预设存储为 XML 文件，导入 XML 文件可将相应动画预设添加到"动画预设"面板。

单击"动画预设"面板右上角的选项按钮 ▤，在弹出式菜单中选择"导入..."命令，如图 9-22 所示。在弹出的"导入动画预设"对话框中选择要导入的文件，如图 9-23 所示。

单击"打开"按钮，"小球运动 -1"动画预设会被导入"动画预设"面板中，如图 9-24 所示。

图 9-22　　　　　　　　　　　　图 9-23　　　　　　　　　　　　图 9-24

◎ 导出动画预设

在 Animate CC 2019 中除了可以导入动画预设，还可以将制作好的动画预设导出为 XML 文件，以便与其他 Animate 用户共享。

在"动画预设"面板中选择需要导出的动画预设，如图 9-25 所示。单击"动画预设"面板右上角的选项按钮 ，在弹出式菜单中选择"导出…"命令，如图 9-26 所示。

在弹出的"另存为"对话框中，选择保存位置并输入文件名称，如图 9-27 所示，单击"保存"按钮导出动画预设。

图 9-25　　　　　　　　　　图 9-26　　　　　　　　　　　图 9-27

⑤ 删除动画预设

可从"动画预设"面板中删除指定的动画预设。在删除动画预设时，Animate 将从磁盘中删除其 XML 文件。请考虑制作要在以后再次使用的任何动画预设的备份，方法是导出这些动画预设的副本。

　　　　　　　　　　在"动画预设"面板中选择需要删除的动画预设，如图 9-28 所示。单击面板下方的"删除项目"按钮 ，系统将弹出"删除预设"对话框，如图 9-29 所示。单击"删除"按钮，将选中的动画预设删除。

图 9-28

图 9-29

在删除动画预设时，"默认预设"文件夹中的动画预设是删除不掉的。

提示

9.1.4　任务实施

（1）选择"文件 > 新建"命令，弹出"新建文档"对话框。在"详细信息"选项组中，将"宽"设为800，"高"设为600，在"平台类型"选项的下拉列表中选择"ActionScript 3.0"选项，单击"创建"按钮，完成文件的创建。

（2）选择"文件 > 导入 > 导入到库"命令，在弹出的"导入到库"对话框中选择云盘中的"Ch09> 素材 >9.1- 制作运动鞋促销海报 >01 ～ 05"文件，单击"打开"按钮，文件将被导入"库"面板中，如图 9-30 所示。

（3）按 Ctrl+F8 组合键，弹出"创建新元件"对话框。在"名称"文本框中输入"logo"，在"类型"下拉列表框中选择"图形"选项，单击"确定"按钮，创建图形元件"logo"，如图 9-31 所示，舞台也随之转换为图形元件的舞台。

（4）选择文本工具 T，在文本工具的"属性"面板中进行设置，在舞台中适当的位置输入大小为 40，字体为"方正字迹 - 邢体草书简体"的绿色（#54A94D）英文，文字效果如图 9-32 所示。

图 9-30　　　　　　　　　　图 9-31　　　　　　　　　　图 9-32

（5）创建图形元件"天空"，舞台也随之转换为图形元件"天空"的舞台。将"库"面板中的位图"01"拖曳到舞台中，如图 9-33 所示。

（6）用相同的方法将"库"面板中的位图"02""03""04""05"文件，分别制作成图形元件"草地""文字""鞋子""音乐符"，如图 9-34 所示。

（7）单击舞台左上方的场景名称"场景 1"，进入"场景 1"的舞台。将"图层_1"图层重命名为"天空"。将"库"面板中的图形元件"天空"拖曳到舞台中，并放置在适当的位置，如图 9-35 所示。

图 9-33 　　　　　　　　　　图 9-34 　　　　　　　　　　图 9-35

（8）保持"天空"实例的选中状态，选择"窗口＞动画预设"命令，弹出"动画预设"面板，如图 9-36 所示。单击"默认预设"文件夹前面的三角图标，展开默认预设选项，如图 9-37 所示。

（9）在"动画预设"面板中选择"从顶部飞入"选项，如图 9-38 所示。单击"应用"按钮，舞台中的效果如图 9-39 所示。

图 9-36 　　　　　　　图 9-37 　　　　　　　图 9-38 　　　　　　　图 9-39

（10）选中"天空"图层的第1帧，在舞台中将"天空"实例垂直向上拖曳到适当的位置，如图 9-40 所示。选中"天空"图层的第 24 帧，在舞台中将"天空"实例垂直向上拖曳到与舞台中心重叠的位置，如图 9-41 所示。选中"天空"图层的第 180 帧，按 F5 键，插入普通帧。

（11）在"时间轴"面板中创建新图层并将其重命名为"草地"。选中"草地"图层的第 24 帧，按 F6 键，插入关键帧。将"库"面板中的图形元件"草地"拖曳到舞台中，并放置在适当的位置，如图 9-42 所示。

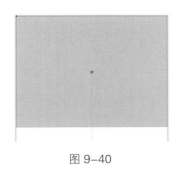

图 9-40 　　　　　　　　　　图 9-41 　　　　　　　　　　图 9-42

（12）保持"草地"实例的选中状态，在"动画预设"面板中选择"从底部飞入"选项，如图9-43所示，单击"应用"按钮，舞台中的效果如图9-44所示。

（13）选中"草地"图层的第47帧，在舞台中将"草地"实例的底部与舞台的底部重叠，如图9-45所示。选中"草地"图层的第180帧，按F5键，插入普通帧。

图9-43　　　　　　　　　　图9-44　　　　　　　　　　图9-45

（14）在"时间轴"面板中创建新图层并将其重命名为"鞋子"。选中"鞋子"图层的第47帧，按F6键，插入关键帧。将"库"面板中的图形元件"鞋子"拖曳到舞台中，并放置在适当的位置，如图9-46所示。

（15）保持"鞋子"实例的选中状态，在"动画预设"面板中选择"从左边飞入"选项，单击"应用"按钮，舞台中的效果如图9-47所示。

（16）选中"鞋子"图层的第70帧，在舞台中将"鞋子"实例水平向右拖曳到适当的位置，如图9-48所示。选中"鞋子"图层的第180帧，按F5键，插入普通帧。

图9-46　　　　　　　　　　图9-47　　　　　　　　　　图9-48

（17）在"时间轴"面板中创建新图层并将其重命名为"文字"。选中"文字"图层的第55帧，按F6键，插入关键帧。将"库"面板中的图形元件"文字"拖曳到舞台中，并放置在适当的位置，如图9-49所示。

（18）保持"文字"实例的选中状态，在"动画预设"面板中选择"从右边飞入"选项，单击"应用"按钮，舞台中的效果如图9-50所示。

（19）选中"文字"图层的第78帧，在舞台中将"文字"实例水平向左拖曳到适当的位置，如图9-51所示。选中"文字"图层的第180帧，按F5键，插入普通帧。

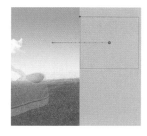

图 9-49　　　　　　　　　图 9-50　　　　　　　　　图 9-51

（20）在"时间轴"面板中创建新图层并将其重命名为"logo"。选中"logo"图层的第 65 帧，按 F6 键，插入关键帧。将"库"面板中的图形元件"logo"拖曳到舞台中，并放置在适当的位置，如图 9-52 所示。

（21）保持"logo"实例的选中状态，在"动画预设"面板中选择"从顶部飞入"选项，单击"应用"按钮，舞台中的效果如图 9-53 所示。

（22）选中"logo"图层的第 88 帧，在舞台中将"logo"实例垂直向下拖曳到适当的位置，如图 9-54 所示。选中"logo"图层的第 180 帧，按 F5 键，插入普通帧。

图 9-52　　　　　　　　　图 9-53　　　　　　　　　图 9-54

（23）在"时间轴"面板中创建新图层并将其重命名为"音乐符"。选中"音乐符"图层的第 70 帧，按 F6 键，插入关键帧。将"库"面板中的图形元件"音乐符"拖曳到舞台中，并放置在适当的位置，如图 9-55 所示。

（24）保持"音乐符"实例的选中状态，在"动画预设"面板中选择"脉搏"选项，如图 9-56 所示，单击"应用"按钮，应用动画预设。

（25）选中"音乐符"图层的第 180 帧，按 F5 键，插入普通帧。运动鞋促销海报制作完成，按 Ctrl+Enter 组合键查看效果，如图 9-57 所示。

图 9-55　　　　　　　　　图 9-56　　　　　　　　　图 9-57

9.1.5 扩展实践：制作迷你风扇海报

使用"新建元件"命令制作图形元件，使用"从左边飞入"选项、"从顶部飞入"选项、"从右边飞入"选项、"从底部飞入"选项制作文字动画，使用"脉搏"选项，制作价位动画。最终效果参看云盘中的"Ch09> 效果 >9.1.5 扩展实践：制作迷你风扇海报"，如图 9-58 所示。

制作迷你风扇海报

图 9-58

任务 9.2　制作美妆类微信公众号横版海报

9.2.1 任务引入

制作美妆类微信
公众号横版海报

艾雀羚有限公司是一家涉足护肤、彩妆、香水等多个产品领域的化妆品公司。现推出新款草本护肤水乳套装，要求设计一张公众号宣传海报，用于线上宣传。本任务要求读者首先了解层和引导层的相关知识；然后通过制作美妆类微信公众号横版海报，掌握公众号横版海报的制作技巧与设计思路。要求设计风格自然清爽，突出产品的特点。

9.2.2 设计理念

以一幅自然风景图作为背景，使画面充满自然的气息；树叶的动画效果增加了画面的活泼感和生动性；画面整体以绿色为主色调，配以产品图片，主题明确。最终效果参看云盘中的"Ch09> 效果 >9.2- 制作美妆类微信公众号横版海报"，如图 9-59 所示。

图 9-59

9.2.3 任务知识：图层和引导层

1 图层的设置

◎ 创建图层

为了分门别类地组织动画内容，需要创建普通图层。选择"插入 > 时间轴 > 图层"命令，创建一个新的图层；或在"时间轴"面板上方单击"新建图层"按钮，创建一个新的图层。

提示　系统默认状态下，新创建的图层按"图层_1""图层_2"……的顺序进行命名，用户也可以根据需要自行设置图层的名称。

◎ 选取图层

选取图层就是将图层变为当前图层，用户可以在当前图层上放置对象、添加文本和图形。使图层成为当前图层的方法很简单，在"时间轴"面板中单击相应图层即可。当前图层会在"时间轴"面板中以浅蓝色背景显示，如图 9-60 所示。

在按住 Ctrl 键的同时，在要选择的图层上单击，可以选择多个不相邻的图层，如图 9-61 所示。在按住 Shift 键的同时，单击两个图层，在这两个图层中间的其他图层也会被同时选中，如图 9-62 所示。

图 9-60

图 9-61

图 9-62

◎ 排列图层

可以根据需要，在"时间轴"面板中为图层重新排列顺序。

在"时间轴"面板中选中"图层_4"图层，如图 9-63 所示，按住鼠标左键，将"图层_4"图层向下拖曳，这时会出现一条前方带圆环的粗线，如图 9-64 所示，将粗线拖曳到"图层_3"图层的下方，松开鼠标，"图层_4"图层将移动到"图层_3"图层的下方，如图 9-65 所示。

图 9-63

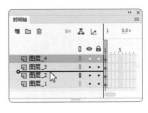
图 9-64

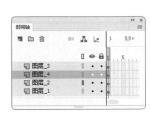
图 9-65

◎ 复制、粘贴图层

可以根据需要，将图层中的所有对象复制并粘贴到其他图层或场景中。

在"时间轴"面板中单击要复制的图层，如图 9-66 所示，选择"编辑 > 时间轴 > 复制帧"命令，或按 Ctrl+Alt+C 组合键，进行复制。在"时间轴"面板上方单击"新建图层"按钮，创建一个新的图层。选中新的图层，如图 9-67 所示，选择"编辑 > 时间轴 > 粘贴帧"命令，或按 Ctrl+Alt+V 组合键，在新的图层中粘贴复制的内容，如图 9-68 所示。

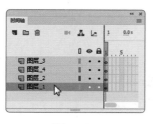  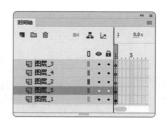

图 9-66　　　　　　　　　图 9-67　　　　　　　　　图 9-68

◎ 删除图层

如果不再需要某个图层，可以将其删除。删除图层有以下两种方法：在"时间轴"面板中选中要删除的图层，单击该面板上方的"删除"按钮，如图 9-69 所示，删除选中的图层；在"时间轴"面板中选中要删除的图层，按住鼠标左键将其向上拖曳，这时会出现一条前方带圆环的粗线，将选中的图层拖曳到"删除"按钮上，如图 9-70 所示，松开鼠标左键，删除选中的图层。

 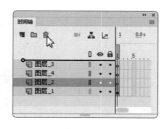

图 9-69　　　　　　　　　　　图 9-70

◎ 隐藏、锁定图层和图层的线框显示模式

（1）隐藏图层：动画是多个图层叠加在一起产生的效果，为了便于观察某个图层中对象的效果，可以把其他的图层隐藏起来。

在"时间轴"面板中单击"显示或隐藏所有图层"按钮所在列中的小黑圆点，这时小黑圆点所在的图层就会被隐藏，该图层上将显示一个叉号图标，如图 9-71 所示，此时图层将不能被编辑。

在"时间轴"面板中单击"显示或隐藏所有图层"按钮，面板中的所有图层将被同时隐藏，如图 9-72 所示。再单击此按钮，即可解除隐藏。

（2）锁定图层：如果某个图层中的内容已符合设计要求，则可以锁定该图层，以避免该图层中的内容被意外更改。

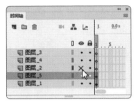

图 9-71　　　　　　　　　　　　　图 9-72

在"时间轴"面板中单击"锁定或解除锁定所有图层"按钮 🔒 所在列中的小黑圆点，这时小黑圆点所在的图层就会被锁定，在该图层上将显示一个锁状图标 🔒，如图 9-73 所示，此时图层将不能被编辑。

在"时间轴"面板中单击"锁定或解除锁定所有图层"按钮 🔒，面板中的所有图层将被同时锁定，如图 9-74 所示。再单击此按钮，即可解除锁定。

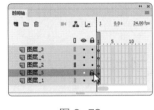
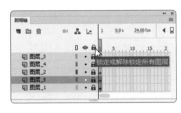

图 9-73　　　　　　　　　　　　　图 9-74

（3）图层的线框显示模式：为了便于观察图层中的对象，可以将对象以线框的模式进行显示。

在"时间轴"面板中单击"将所有图层显示为轮廓"按钮 ▢ 所在列中的实色矩形，这时实色矩形所在的图层中的对象就会呈线框模式显示，在该图层上的实色矩形将变为线框图标 ▢，如图 9-75 所示，此时并不影响编辑图层。

在"时间轴"面板中单击"将所有图层显示为轮廓"按钮 ▢，面板中的所有图层将同时以线框模式显示，如图 9-76 所示。再单击此按钮，即可返回到普通模式。

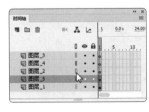

图 9-75　　　　　　　　　　　　　图 9-76

◎ 重命名图层

可以根据需要更改图层的名称，更改图层的名称有以下两种方法。

（1）双击"时间轴"面板中的图层名称，图层名称变为可编辑状态，如图 9-77 所示，输入要更改的图层名称，如图 9-78 所示，在图层旁边单击，完成图层名称的修改，如图 9-79 所示。

（2）选中要修改名称的图层，选择"修改>时间轴>图层属性"命令，在弹出的"图层属性"对话框中修改图层的名称。

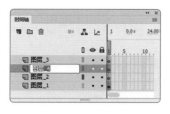
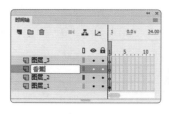
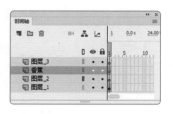

图 9-77　　　　　　　　　　　图 9-78　　　　　　　　　　　图 9-79

② 图层文件夹

在"时间轴"面板中可以创建图层文件夹来组织和管理图层，这样"时间轴"面板中图层的层次结构将非常清晰。

◎ 创建图层文件夹

选择"插入＞时间轴＞图层文件夹"命令，在"时间轴"面板中创建图层文件夹，如图 9-80所示。还可单击"时间轴"面板上方的"新建文件夹"按钮▢，如图 9-81 所示，在"时间轴"面板中创建图层文件夹。

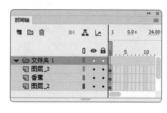
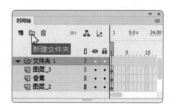

图 9-80　　　　　　　　　　　图 9-81

◎ 删除图层文件夹

可以在"时间轴"面板中选中要删除的图层文件夹，单击面板上方的"删除"按钮🗑，如图 9-82 所示，删除图层文件夹。也可以在"时间轴"面板中选中要删除的图层文件夹，按住鼠标左键不放，将其向上拖曳，这时会出现一条前方带圆环的粗线，将图层文件夹拖曳到"删除"按钮🗑上，如图 9-83 所示，松开鼠标，删除图层文件夹。

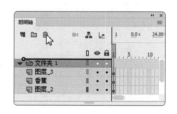

图 9-82　　　　　　　　　　　图 9-83

③ 普通引导层

普通引导层主要用于为其他图层提供辅助绘图和绘图定位功能，普通引导层中的图形在播放影片时是不会显示的。

◎ 创建普通引导层

在"时间轴"面板中的某个图层上单击鼠标右键，在弹出的快捷菜单中选择"引导层"命令，如图 9-84 所示，将该图层转换为普通引导层。此时，图层前面的图标变为✕，如图 9-85 所示。

还可在"时间轴"面板中选中要转换的图层，选择"修改>时间轴>图层属性"命令，弹出"图层属性"对话框，在"类型"栏中选择"引导层"单选按钮，如图 9-86 所示，单击"确定"按钮，将选中的图层转换为普通引导层。此时，图层前面的图标变为✖，如图 9-87 所示。

图 9-84

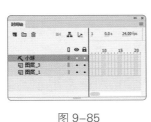
图 9-85

图 9-86

图 9-87

◎ 将普通引导层转换为普通图层

如果要在播放影片时显示普通引导层上的对象，可将普通引导层转换为普通图层。

在"时间轴"面板中的普通引导层上单击鼠标右键，在弹出的快捷菜单中选择"引导层"命令，如图 9-88 所示，将普通引导层转换为普通图层，此时，图层前面的图标变为🗔，如图 9-89 所示。

还可在"时间轴"面板中选中普通引导层，选择"修改>时间轴>图层属性"命令，弹出"图层属性"对话框，在"类型"栏中选择"一般"单选按钮，如图 9-90 所示，单击"确定"按钮，将选中的普通引导层转换为普通图层。此时，图层前面的图标变为🗔，如图 9-91 所示。

图 9-88

图 9-89

图 9-90

图 9-91

④ 运动引导层

运动引导层的作用是设置对象运动路径的导向，使与之链接的被引导层中的对象沿着路径运动，运动引导层上的路径在播放动画时不显示。在运动引导层上可创建多个运动路径，以引导被引导层中的多个对象沿不同的运动路径运动。要制作按照任意运动路径运动的动画就需要添加运动引导层，但制作运动引导层动画时只能使用传统补间动画，形状补间动画不可用。

◎ 创建运动引导层

在"时间轴"面板中要添加运动引导层的图层上单击鼠标右键，在弹出的快捷菜单中选择"添加传统运动引导层"命令，如图 9-92 所示，为图层添加运动引导层。此时，图层前面的图标变为，如图 9-93 所示。

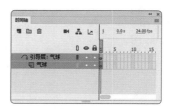

图 9-92　　　　　　　　　　　　　　　图 9-93

提示

一个运动引导层可以引导多个图层上的对象按运动路径运动。如果要将多个图层变成某一个运动引导层的被引导层，只需在"时间轴"面板上将要变成被引导层的图层拖曳至运动引导层下方即可。

◎ 将运动引导层转换为普通图层

将运动引导层转换为普通图层的方法与将普通引导层转换为普通图层的方法一样，这里不再赘述。

◎ 应用运动引导层制作动画

打开云盘中的"基础素材 >Ch09>02"文件，如图 9-94 所示。选中"底图"图层的第 50 帧，按F5键，插入普通帧。在"时间轴"面板中创建新图层并将其重命名为"热气球"，如图 9-95 所示。

在"时间轴"面板中的"热气球"图层上单击鼠标右键，在弹出的快捷菜单中选择"添加传统运动引导层"命令，为"热气球"图层添加运动引导层，如图 9-96 所示。选择钢笔工具，在运动引导层的舞台中绘制一条曲线，如图 9-97 所示。

图 9-94　　　　　　　图 9-95　　　　　　　图 9-96　　　　　　　图 9-97

在"时间轴"面板中选中"热气球"图层的第1帧，将"库"面板中的图形元件"02"拖曳到舞台中，并放置在曲线的下方端点上，如图9-98所示。

选中"热气球"图层中的第50帧，按F6键，插入关键帧。在舞台中将热气球图形拖曳到曲线的上方端点上，如图9-99所示。

在"热气球"图层的第1帧上单击鼠标右键，在弹出的快捷菜单中选择"创建传统补间"命令，在"热气球"图层中，第1帧与第50帧之间将生成传统补间动画，如图9-100所示。

选中"热气球"图层的第1帧，在帧"属性"面板中勾选"补间"选项组中的"调整到路径"复选框，如图9-101所示。运动引导层动画制作完成。

  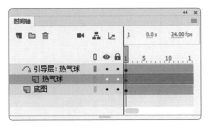 

图9-98　　　　　　　图9-99　　　　　　　　　图9-100　　　　　　　　　图9-101

在不同的帧中，动画显示的效果如图9-102所示。按Ctrl+Enter组合键测试动画效果，在动画中不会显示曲线。

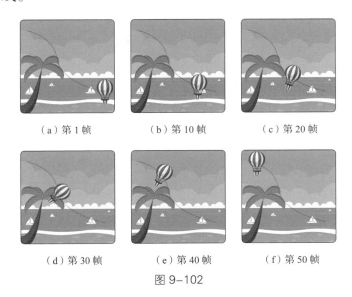

（a）第1帧　　　　　（b）第10帧　　　　　（c）第20帧

（d）第30帧　　　　　（e）第40帧　　　　　（f）第50帧

图9-102

9.2.4　任务实施

（1）在欢迎页的"详细信息"栏中，将"宽"设为1920，"高"设为600，在"平台类型"下拉列表框中选择"ActionScript 3.0"选项，单击"创建"按钮，完成文件的创建。

（2）选择"文件 > 导入 > 导入到库"命令，在弹出的"导入到库"对话框中选择云盘中的"Ch09> 素材 >9.2- 制作飘落的叶子动画 >01 ～ 05"文件，单击"打开"按钮，将文件导入"库"面板中，如图 9-103 所示。

（3）按 Ctrl+F8 组合键，弹出"创建新元件"对话框。在"名称"文本框中输入"叶子 1"，在"类型"下拉列表框中选择"图形"选项，单击"确定"按钮，创建图形元件"叶子 1"，如图 9-104 所示，舞台也随之转换为图形元件的舞台。将"库"面板中的位图"02"拖曳到舞台中，并放置在适当的位置，如图 9-105 所示。

（4）用相同的方法将"库"面板中的位图"03""04""05"，分别制作成图形元件"叶子 2""叶子 3""叶子 4"，如图 9-106 所示。

图 9-103

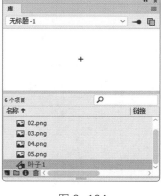
图 9-104

图 9-105

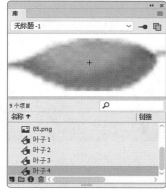
图 9-106

（5）按 Ctrl+F8 组合键，弹出"创建新元件"对话框。在"名称"文本框中输入"叶子 1 动"，在"类型"下拉列表框中选择"影片剪辑"选项，单击"确定"按钮，新建影片剪辑元件"叶子 1 动"，舞台也随之转换为影片剪辑元件的舞台。

（6）在"图层 _1"图层上单击鼠标右键，在弹出的快捷菜单中选择"添加传统运动引导层"命令，为"图层 _1"图层添加运动引导层，如图 9-107 所示。

（7）选择铅笔工具 ，在工具箱中将"笔触颜色"设为红色（#FF0000），单击工具箱下方的"铅笔模式"按钮 ，在弹出的下拉列表中选择"平滑"选项 ，选中运动引导层的第 1 帧，在舞台中绘制一条曲线，如图 9-108 所示。选中运动引导层的第 40 帧，按 F5 键，插入普通帧，如图 9-109 所示。

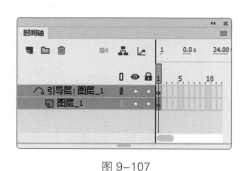
图 9-107

图 9-108

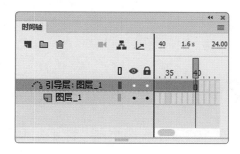
图 9-109

（8）选中"图层_1"图层的第1帧，将"库"面板中的图形元件"叶子1"拖曳到舞台中，并将其放置在曲线上方的端点上，效果如图9-110所示。

（9）选中"图层_1"图层的第40帧，按F6键，插入关键帧。选择选择工具▶，在舞台中将"叶子1"实例拖曳到曲线下方的端点上，效果如图9-111所示。

（10）在"图层_1"图层的第1帧上单击鼠标右键，在弹出的快捷菜单中选择"创建传统补间"命令，在第1帧和第40帧之间将生成传统补间动画。在帧"属性"面板中，勾选"补间"选项组中的"调整到路径"复选框，如图9-112所示。

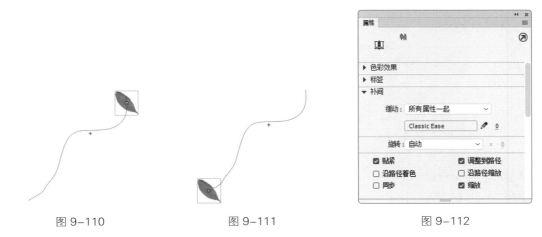

图9-110   图9-111   图9-112

（11）用上述的方法将图形元件"叶子2""叶子3""叶子4"，分别制作成影片剪辑元件"叶子2动""叶子3动""叶子4动"，如图9-113所示。

（12）按Ctrl+F8组合键，弹出"创建新元件"对话框。在"名称"文本框中输入"一起动"，在"类型"下拉列表中选择"影片剪辑"选项，单击"确定"按钮，创建影片剪辑元件"一起动"，如图9-114所示，舞台也随之转换为影片剪辑元件的舞台。

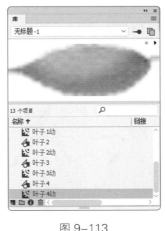

图9-113   图9-114

（13）分别将"库"面板中的影片剪辑元件"叶子1动"和"叶子4动"拖曳到舞台中，并放置在适当的位置，如图9-115所示。选中"图层_1"图层的第40帧，按F5键，插入普通帧。

图 9–115

（14）单击"时间轴"面板上方的"新建图层"按钮，新建"图层_2"图层。选中"图层_2"图层的第 10 帧，按 F6 键，插入关键帧。分别将"库"面板中的影片剪辑元件"叶子 2 动"和"叶子 3 动"向舞台中拖曳两次，并放置在适当的位置，如图 9-116 所示。选中"图层_2"图层的第 50 帧，按 F5 键，插入普通帧。

图 9–116

（15）单击"时间轴"面板上方的"新建图层"按钮，新建"图层_3"图层。选中"图层_3"图层的第 20 帧，按 F6 键，插入关键帧。分别将"库"面板中的影片剪辑元件"叶子 3 动"和"叶子 1 动"拖曳到舞台中，并放置在适当的位置，如图 9-117 所示。选中"图层_3"图层的第 60 帧，按 F5 键，插入普通帧。

图 9–117

（16）单击"时间轴"面板上方的"新建图层"按钮，新建"图层_4"图层。选中"图层_4"的第 30 帧，按 F6 键，插入关键帧。将"库"面板中的影片剪辑元件"叶子 4 动"向舞台中拖曳 3 次，并放置在适当的位置，如图 9-118 所示。选中"图层_4"图层的第 70 帧，按 F5 键，插入普通帧。

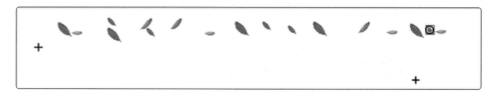

图 9–118

（17）单击舞台左上方的场景名称"场景 1"，进入"场景 1"的舞台。将"图层_1"图层重命名为"底图"。将"库"面板中的位图"01"文件拖曳到舞台中，如图 9-119 所示。

（18）在"时间轴"面板中创建新图层并将其重命名为"叶子"。将"库"面板中的影片剪辑元件"一起动"拖曳到舞台中，并放置在适当的位置，如图9-120所示。

图9-119

图9-120

（19）美妆类微信公众号横排海报制作完成，按Ctrl+Enter组合键查看效果，如图9-121所示。

图9-121

9.2.5 扩展实践：制作节气宣传海报

使用"导入到库"命令导入素材并制作图形元件，使用钢笔工具绘制运动路径，使用"添加传统运动引导层"命令制作运动引导层动画。最终效果参看云盘中的"Ch09> 效果 > 9.2.5 扩展实践：制作节气宣传海报"，如图9-122所示。

制作节气宣传海报

图9-122

任务 9.3　项目演练：制作旅行箱海报

制作旅行箱海报

9.3.1　任务引入

NEW LOOK 是一家生产经营各类皮件商品的公司，其经营范围包括各式皮包、旅行箱等。现公司推出一款多功能时尚旅行箱，需要制作一张宣传海报。本任务要求读者制作旅行箱海报，要求设计时尚、大气。

9.3.2　设计理念

海报采用深蓝色作为背景，给典雅、稳重的感觉；使用旅行箱实物图片进行展示，与直观醒目的文字相互搭配，展现出产品的特点和性能；白色的文字与背景搭配协调、醒目，识别性强，主题明确。最终效果参看云盘中的"Ch09>效果>9.3-制作旅行箱海报"，如图9-123所示。

图 9-123

项目10

掌握商业应用
——综合设计实训

10

本项目为综合设计实训，根据商业动漫设计项目的真实情境来训练学生利用所学知识完成商业动漫设计项目的能力。通过本项目的学习，读者可以牢固掌握Animate CC 2019的操作功能和使用技巧，并应用所学技能制作出优秀的动漫设计作品。

📊 学习引导

🖥 知识目标

- 掌握软件基础知识及使用方法；
- 了解 Animate 的常用领域。

📑 能力目标

- 掌握 Animate 在不同领域的设计思路和过程；
- 掌握 Animate 在不同领域的制作方法和技巧。

📝 素养目标

- 培养对商业案例的设计创作能力；
- 培养对商业案例的审美与鉴赏能力。

📊 实训任务

- 制作慧心双语幼儿园动态标志；
- 制作美食类微信公众号首图；
- 制作节日类动态海报；
- 制作数码产品网页；
- 制作音乐节目片头。

任务 10.1　动态标志设计——制作慧心双语幼儿园动态标志

制作慧心双语幼儿园动态标志

10.1.1　任务引入

慧心双语幼儿园是慧心国际教育机构下属的幼儿教育基地。该幼儿园为 2.5 岁至 6 岁的孩子提供双语教育环境。本任务要求读者制作慧心双语幼儿园动态标志，要求设计突出幼儿园的特色与理念。

10.1.2　设计理念

标志以红色、黄色和蓝色为主，体现丰富多彩的园内生活；人物图形活泼独特，充满趣味性；产生了动静结合的效果，营造出幼儿园温馨和睦的氛围；双语文字紧扣幼儿园名称与特色，主题鲜明。最终效果参见云盘中的"Ch10> 效果 >10.1- 制作慧心双语幼儿园动态标志"，如图 10-1 所示。

图 10-1

10.1.3　任务实施

（1）选择"文件 > 打开"命令，在弹出的"打开"对话框中选择云盘中的"Ch10> 素材 >10.1- 制作慧心双语幼儿园动态标志 >01"文件，单击"打开"按钮，将其打开，如图 10-2 所示。

（2）选择选择工具 ▶，在舞台中选中图 10-3 所示的图形，按 F8 键，在弹出的"转换为元件"对话框中进行设置，如图 10-4 所示。单击"确定"按钮，将选中的图形转换为图形元件。

图 10-2

图 10-3

图 10-4

（3）用相同的方法分别选中需要的图形，将其转换为图形元件"手形 2""圆 1""圆 2""装饰圆"，"库"面板如图 10-5 所示。

（4）创建图形元件"文字"，如图 10-6 所示，舞台也随之转换为图形元件的舞台。选择文本工具 **T**，在文本工具"属性"面板中进行设置，在舞台中的适当位置输入大小为50，字体为"方正毡笔黑简体"的黑色（#231916）文字，文字效果如图 10-7 所示。

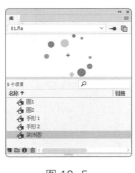
图 10-5

图 10-6

图 10-7

（5）单击舞台左上方的场景名称"场景1"，进入"场景1"的舞台。选中"图层_1"图层的第 90 帧，按 F5 键，插入普通帧。按 Ctrl+A 组合键，将所有实例选中，如图 10-8 所示。选中"修改 > 时间轴 > 分散到图层"命令，将选中的实例分散到独立的图层，如图 10-9 所示。

图 10-8

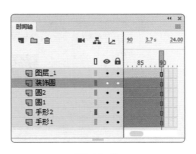
图 10-9

（6）选中"手形1"图层的第 1 帧，选择任意变形工具 ，图形的周围出现控制点，如图 10-10 所示。将中心点拖曳到适当的位置，如图 10-11 所示。用相同的方法调整"手形2"实例的中心点，如图 10-12 所示。

图 10-10

图 10-11

图 10-12

（7）选择选择工具 ，选中"手形1"图层的第 1 帧，在舞台中选中"手形1"实例，在图形"属性"面板中选择"色彩效果"选项组，在"样式"下拉列表框中选择"Alpha"选项，拖曳滑块至 0% 处，舞台中的效果如图 10-13 所示。用相同的方法设置"手形2"图层的第 1帧，效果如图 10-14 所示。

（8）选中"圆1"图层的第1帧，按住鼠标左键并将其拖曳到第10帧，如图10-15所示。用相同的方法设置"圆2"图层，如图10-16所示。

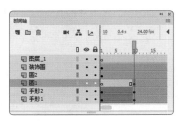

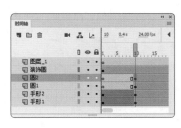

图 10-13　　　　　　　图 10-14　　　　　　　图 10-15　　　　　　　图 10-16

（9）将"图层_1"图层重命名为"文字1"。选中"文字1"图层的第30帧，按F6键，插入关键帧。将"库"面板中的图形元件"文字"拖曳到舞台中，并放置在适当的位置，如图 10-17 所示。

（10）保持"文字"实例的选中状态，选择"窗口>动画预设"命令，弹出"动画预设"面板，单击"默认预设"文件夹前面的三角图标，展开默认预设选项。在"默认预设"文件夹中选择"脉搏"选项，如图10-18所示，单击"应用"按钮，"时间轴"面板如图10-19所示。选中"文字1"图层的第90帧，按F5键，插入普通帧。

图 10-17　　　　　　　　　图 10-18　　　　　　　　　图 10-19

（11）在"时间轴"面板中创建新图层并将其重命名为"文字2"。选中"文字2"图层的第50帧，按F6键，插入关键帧。选择文本工具 T，输入需要的英文文字，效果如图10-20所示。慧心双语幼儿园动态标志制作完成，按 Ctrl+Enter 组合键查看效果，如图10-21所示。

图 10-20　　　　　　　　　　　　　　　图 10-21

任务 10.2 社交媒体动图设计——制作美食类微信公众号首图

10.2.1 任务引入

食不语是一个餐饮平台，主营订餐外卖等业务，致力于打造健康、便捷的饮食方式。现平台推出新的餐饮计划，要更新公众号宣传首图。本任务要求读者制作美食类微信公众号首图，要求设计以"星期天"的餐饮推荐为主题，风格鲜明。

10.2.2 设计理念

产品的展示丰富了画面，让人一目了然，起到促进销售的作用；颜色的运用合理，提升画面质感；整体设计年轻时尚，充满朝气。最终效果参见云盘中的"Ch10> 效果 >10.2- 制作美食类微信公众号首图"，如图 10-22 所示。

图 10-22

10.2.3 任务实施

（1）在欢迎页的"详细信息"栏中，将"宽"设为 900，"高"设为 500，在"平台类型"下拉列表框中选择"ActionScript 3.0"选项，单击"创建"按钮，完成文件的创建。按 Ctrl+J 组合键，弹出"文档设置"对话框，将"舞台颜色"设为淡绿色（#6BF1EF），单击"确定"按钮，完成舞台颜色的修改。

（2）按 Ctrl+F8 组合键，弹出"创建新元件"对话框，在"名称"文本框中输入"文字 1"，在"类型"下拉列表框中选择"图形"选项，如图 10-23 所示，单击"确定"按钮，创建图形元件"文字 1"，如图 10-24 所示，舞台也随之转换为图形元件的舞台。

图 10-23　　　　　　　　　　　　　　　　　图 10-24

（3）选择文本工具 T，在文本工具的"属性"面板中进行设置。在舞台中适当的位置输入大小为 74，字体为"方正兰亭纤黑简体"的黄色（#FFEF00）文字，文字效果如图 10-25 所示。用相同的方法制作其他图形元件，"库"面板中的显示效果如图 10-26 所示。

图 10-25　　　　　　　　　　　　　图 10-26

（4）单击舞台左上方的场景名称"场景 1"，进入"场景 1"的舞台。将"图层 _1"图层重命名为"底图"。按 Ctrl+R 组合键，在弹出的"导入"对话框中选择云盘中的"Ch10>素材 >10.2- 制作美食类微信公众号首图 >01"文件，单击"打开"按钮，文件将被导入舞台中，如图 10-27 所示。选中"底图"图层的第 90 帧，按 F5 键，插入普通帧。

（5）在"时间轴"面板中创建新图层并将其重命名为"圆形"。将"库"面板中的影片剪辑元件"圆动"拖曳到舞台中，并放置在适当的位置，如图 10-28 所示。

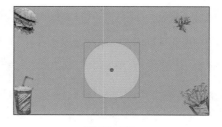

图 10-27　　　　　　　　　　　　　　　图 10-28

（6）在"时间轴"面板中创建新图层并将其重命名为"文字 1"。将"库"面板中的图形元件"文字 1"拖曳到舞台中，并放置在适当的位置，如图 10-29 所示。选中"文字 1"图层的第 15 帧，按 F6 键，插入关键帧。

（7）选中"文字1"图层的第1帧，在舞台中将"文字1"实例垂直向上拖曳到适当的位置，如图10-30所示。

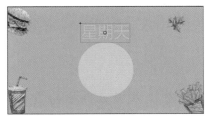 

图10-29 图10-30

（8）保持"文字1"实例的选中状态，在图形"属性"面板中选择"色彩效果"选项组，在"样式"下拉列表框中选择"Alpha"选项，拖曳滑块至0%处，如图10-31所示，舞台中效果如图10-32所示。

（9）在"文字1"图层的第1帧上单击鼠标右键，在弹出的快捷菜单中选择"创建传统补间"命令，生成传统补间动画，如图10-33所示。

  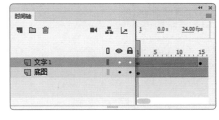

图10-31 图10-32 图10-33

（10）用上述的方法在"时间轴"面板中再次创建多个图层，并制作动画效果，"时间轴"面板如图10-34所示。美食类微信公众号首图制作完成，按Ctrl+Enter组合键查看效果，如图10-35所示。

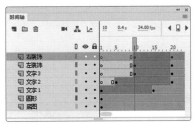 

图10-34 图10-35

任务 10.3　动态海报设计——制作节日类动态海报

10.3.1　任务引入

因新年即将来临创维有限公司，需要制作联欢会宣传海报，以便为员工和合作伙伴送上问候，本任务要求读者制作节日类动态海报，要求设计体现传统文化，突出节日特色。

10.3.2　设计理念

使用红色作为主色调，烘托节日氛围；使用传统元素点缀画面，使海报更具传统风格，使观者感受到浓厚的新年气息；醒目的文字点明了海报主题，字体的变化提高了画面的生动感。最终效果参见云盘中的"Ch10> 效果 >10.3- 制作节日类动态海报"，如图 10-36 所示。

10.3.3　任务实施

图 10-36

（1）在欢迎页的"详细信息"栏中，将"宽"设为 1242，"高"设为 2208，在"平台类型"下拉列表框中选择"ActionScript 3.0"选项，单击"创建"按钮，完成文件的创建。

（2）选择"文件 > 导入 > 导入到库"命令，在弹出的"导入到库"对话框中选择云盘中的"Ch10> 素材 >10.3- 制作节日类动态海报 >01 ～ 03"文件，单击"打开"按钮，将文件导入"库"面板中，如图 10-37 所示。

（3）将"图层_1"图层重命名为"底图"。将"库"面板中的位图"01"拖曳到舞台的中心位置，如图 10-38 所示。选中"底图"图层的第 20 帧，按 F5 键，插入普通帧。

（4）在"时间轴"面板中创建新图层并将其重命名为"鼓棒 1"。将"库"面板中的位图"03"拖曳到舞台中，并放置在适当的位置，如图 10-39 所示。

图 10-37

图 10-38

图 10-39

（5）保持图像的选中状态，按 F8 键，在弹出的"转换为元件"对话框中进行设置，如图 10-40 所示。单击"确定"按钮，将其转换为图形元件，如图 10-41 所示。

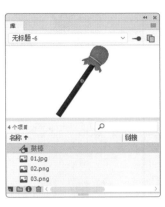

图 10-40　　　　　　　　　　　　　　　　　　　图 10-41

（6）分别选中"鼓棒 1"图层的第 5 帧、第 10 帧，按 F6 键，插入关键帧。选中"鼓棒 1"图层的第 5 帧，在舞台中将"鼓棒"实例拖曳到适当的位置，如图 10-42 所示。

（7）分别在"鼓棒 1"图层的第 1 帧、第 5 帧上单击鼠标右键，在弹出的快捷菜单中选择"创建传统补间"命令，生成传统补间动画。用相同的方法制作"响花 1"图层，如图 10-43 所示。

图 10-42　　　　　　　　　　　　　　　　　　　图 10-43

（8）在"时间轴"面板中创建新图层并将其重命名为"鼓棒 2"。将"库"面板中的图形元件"鼓棒"拖曳到舞台中，如图 10-44 所示。选择"修改 > 变形 > 水平翻转"命令，将其水平翻转，效果如图 10-45 所示。

图 10-44　　　　　　　　　　　　　　　　　　　图 10-45

（9）选择"选择"工具▶，在舞台中将右侧的"鼓棒"实例拖曳到适当的位置，如图 10-46 所示。分别选中"鼓棒 2"图层的第 10 帧、第 15 帧、第 20 帧，按 F6 键，插入关键帧。选中"鼓棒 2"图层的第 15 帧，将舞台中右侧的"鼓棒"实例拖曳到适当的位置，如图 10-47 所示。

图 10-46

图 10-47

（10）分别在"鼓棒 2"图层的第 10 帧、第 15 帧上单击鼠标右键，在弹出的快捷菜单中选择"创建传统补间"命令，生成传统补间动画。用相同的方法制作"响花 2"图层，如图 10-48 所示。

（11）在"时间轴"面板中将"响花 2"图层拖曳到"鼓棒 2"图层的下方，如图 10-49 所示，效果如图 10-50 所示。节日类动态海报制作完成，按 Ctrl+Enter 组合键查看效果。

图 10-48

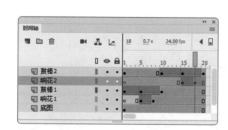

图 10-49

图 10-50

任务 10.4 网页应用——制作数码产品网页

10.4.1 任务引入

制作数码产品网页

专业数码商城是一家经营数码产品的商场，该商城的经营范围广泛，产品种类丰富。目前需要为数码产品制作宣传网页。本任务要求读者制作数码产品网页，要求设计图文并茂，简约时尚。

10.4.2 设计理念

使用绿色作为网页的背景色；提升用户愉悦感；导航栏的设计简洁直观，便于用户浏览；文字及图片的搭配主次分明，充满现代感。最终效果参见云盘中的"Ch10> 效果 >10.4- 制作数码产品网页"，如图 10-51 所示。

图 10-51

10.4.3 任务实施

（1）在欢迎页的"详细信息"栏中，将"宽"设为650，"高"设为400，在"平台类型"选项的下拉列表框中选择"ActionScript 3.0"选项，单击"创建"按钮，完成文件的创建。按Ctrl+J组合键，弹出"文档设置"对话框，将"舞台颜色"设为黑色（#000000），单击"确定"按钮，完成舞台颜色的修改。

（2）选择"文件 > 导入 > 导入到库"命令，在弹出的"导入到库"对话框中选择云盘中的"Ch10> 素材 >10.4- 制作数码产品网页 >01 ～ 06"文件，单击"打开"按钮，文件将被导入"库"面板中，如图 10-52 所示。

（3）在"库"面板下方单击"新建元件"按钮，弹出"创建新元件"对话框。在"名称"文本框中输入"绿色条"，在"类型"下拉列表框中选择"图形"选项，单击"确定"按钮，创建图形元件"绿色条"，如图 10-53 所示，舞台也随之转换为图形元件的舞台。

图 10-52   图 10-53

（4）选择"矩形"工具，在工具箱中将"笔触颜色"设为无，"填充颜色"设为浅绿色（#B2CCA7），在舞台中绘制一个矩形。选中矩形，调出形状"属性"面板，将"宽度"和"高度"分别设为42、400，舞台中的效果如图 10-54 所示。

（5）在"库"面板中新建一个影片剪辑元件"绿色条动 1"，舞台也随之转换为影片剪辑元件的舞台。将"库"面板中的图形元件"绿色条"拖曳到舞台中，效果如图 10-55 所示。

（6）分别选中"图层_1"图层的第 101 帧、第 200 帧，按 F6 键，插入关键帧。选中"图层 1"的第 101 帧，在舞台中将"绿色条"实例水平向左拖曳到适当的位置，效果如图 10-56 所示。

（7）分别在"图层 _1"图层的第 1 帧、第 101 帧上单击鼠标右键，在弹出的快捷菜单中选择"创建传统补间"命令，生成传统补间动画，如图 10-57 所示。

（8）用步骤（5）～步骤（7）的方法制作影片剪辑元件"绿色条动 2"，"绿色条"实例的运动方向与"绿色条动 1"中的"绿色条"实例的运动方向相反。

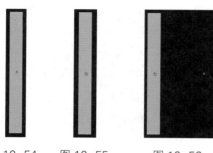

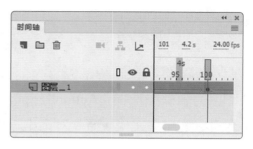

图 10-54　　图 10-55　　　图 10-56　　　　　　　　　图 10-57

（9）在"库"面板中新建一个影片剪辑元件"相机切换"，舞台也随之转换为影片剪辑元件的舞台。将"库"面板中的位图"04"拖曳到舞台中，在位图"属性"面板中，将"X"和"Y"均设为 0，效果如图 10-58 所示。选中"图层_1"图层的第 20 帧，按 F7 键，插入空白关键帧。

（10）将"库"面板中的位图"05"拖曳到舞台中，在位图"属性"面板中将"X"和"Y"均设为 0，效果如图 10-59 所示。选中"图层_1"图层的第 40 帧，按 F7 键，插入空白关键帧。将"库"面板中的位图"06"拖曳到舞台中，在位图"属性"面板中，将"X"和"Y"均设为 0，效果如图 10-60 所示。选中"图层_1"图层的第 60 帧，按 F5 键，插入普通帧。

图 10-58　　　　　　　　　　图 10-59　　　　　　　　　　图 10-60

（11）在"库"面板中新建一个影片剪辑元件"目录动"，舞台也随之转换为影片剪辑元件的舞台。将"图层_1"图层重新命名为"型号 1"。将"库"面板中的图形元件"型号 1"拖曳到舞台中，并放置在适当的位置，如图 10-61 所示。选中"型号 1"图层的第 85 帧，按 F5 键，插入普通帧。

（12）分别选中"型号 1"图层的第 40 帧、第 70 帧，按 F6 键，插入关键帧。选中"型号 1"图层的第 40 帧，在舞台中将"型号 1"实例水平向右拖曳到适当的位置，如图 10-62 所示。选中"型号 1"图层的第 70 帧，在舞台中将"型号 1"实例水平向右拖曳到适当的位置，如图 10-63 所示。

（13）分别在"型号 1"图层的第 1 帧、第 40 帧上单击鼠标右键，在弹出的快捷菜单中选择"创建传统补间"命令，生成传统补间动画。

图 10-61　　　　　　　　　　图 10-62　　　　　　　　　图 10-63

（14）用相同的方法制作"型号2""型号3""型号4"图层的传统补间动画，"时间轴"面板如图10-64所示。在"时间轴"面板中创建新图层并将其重命名为"动作脚本"。选中"动作脚本"图层的第85帧，按F6键，插入关键帧。按F9键，弹出"动作"面板，在"动作"面板中设置动作脚本，如图10-65所示。

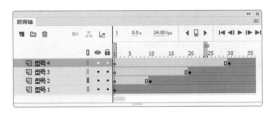

图 10-64

图 10-65

（15）单击舞台左上方的场景名称"场景1"，进入"场景1"的舞台。将"图层_1"图层重命名为"底图"。将"库"面板中的位图"01"拖曳到舞台中，如图10-66所示。

（16）在"时间轴"面板中创建新图层并将其重命名为"矩形条"。将"库"面板中的影片剪辑元件"绿色条动1"向舞台中拖曳3次，并分别放置到适当的位置，如图10-67所示。

图 10-66

图 10-67

（17）在"时间轴"面板中创建新图层并将其重命名为"绿色矩形"。选择矩形工具▢，在矩形工具的"属性"面板中，将"笔触颜色"设为无、"填充颜色"设为绿色（#587F1A），在舞台中绘制1个矩形，效果如图10-68所示。

（18）在"时间轴"面板中创建新图层并将其重命名为"文字"。选择文本工具Ⓣ，在文本工具的"属性"面板中进行设置，在舞台中适当的位置输入大小为12，字体为"方正兰亭黑简体"的白色文字，文字效果如图10-69所示。

图 10-68

图 10-69

（19）数码产品网页制作完成，按 Ctrl+Enter 组合键查看效果，如图 10-70 所示。

图 10-70

任务 10.5　节目片头设计——制作音乐节目片头

10.5.1　任务引入

"你我来说唱"是一档音乐选秀节目，该节目尊重音乐的多样性和选手的个人风格，旨在挖掘选手的创作潜能。本任务要求读者为其制作节目片头，要求能够突出节目特点。

制作音乐节目片头 1

制作音乐节目片头 2

制作音乐节目片头 3

制作音乐节目片头 4

制作音乐节目片头 5

10.5.2　设计理念

片头使用鲜艳明快的色彩，增加吸引力；片头画面与节目主题紧密结合，表现出节目的特点和特色，皇冠、耳机等图形为画面增添趣味和活力。最终效果参见云盘中的"Ch10> 效果 >10.5-制作音乐节目片头"，如图 10-71 所示。

图 10-71

10.5.3　任务实施

（1）在欢迎页的"详细信息"栏中，将"宽"设为 800，"高"设为 600，在"平台类型"下拉列表框中选择"ActionScript 3.0"选项，单击"创建"按钮，完成文件的创建。按 Ctrl+J 组合键，弹出"文档设置"对话框，将"舞台颜色"设为红色（#CE2C37），单击"确定"按钮。

（2）选择"文件 > 导入 > 导入到库"命令，在弹出的"导入到库"对话框中选择云盘中的"Ch10> 素材 >10.5- 制作音乐节目片头 >01 ~ 12"文件，单击"打开"按钮，将选中的文件导入"库"面板中，如图 10-72 所示。

（3）按Ctrl+F8组合键，弹出"创建新元件"对话框。在"名称"文本框中输入"唱片"，在"类型"下拉列表框中选择"图形"选项，单击"确定"按钮，创建图形元件"唱片"，如图10-73所示，舞台也随之转换为图形元件的舞台。将"库"面板中的位图"01"拖曳到舞台中，并放置在适当的位置，如图10-74所示。

图10-72

图10-73

图10-74

（4）用相同的方法将"库"面板中的位图"02""03""04""05""06""07""08""09""10""11""12"，分别制作成图形元件"话筒""mp4""录音机""人物""耳机""磁带""话筒2""耳机2""水墨""皇冠""底图"，如图10-75～图10-77所示。

图10-75

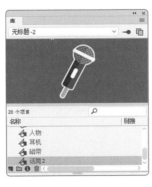
图10-76

图10-77

（5）在"库"面板中新建一个影片剪辑元件"文字动"，如图10-78所示，舞台也随之转换为影片剪辑元件的舞台。选择文本工具**T**，在文本工具的"属性"面板中进行设置，在舞台中适当的位置输入大小为94，字母间距为-5，字体为"方正粗谭黑简体"的白色文字，文字效果如图10-79所示。

图10-78

图10-79

（6）选择选择工具**▶**，选中文字，如图10-80所示。按Ctrl+B组合键，将文字分离，效果如图10-81所示。

图 10-80

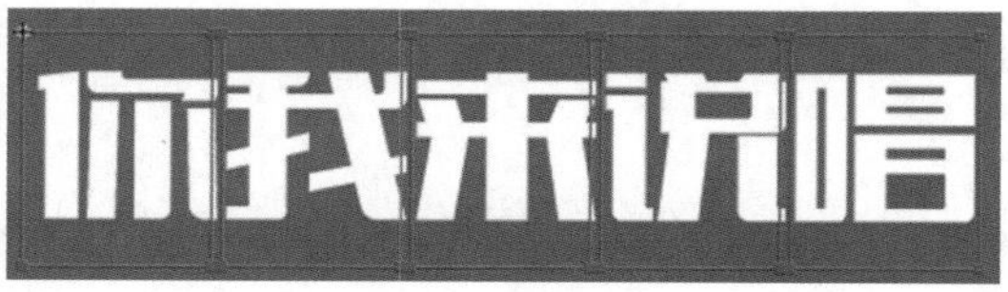

图 10-81

（7）选中文字"你"，如图 10-82 所示。按 F8 键，在弹出的"转换为元件"对话框中进行设置，如图 10-83 所示。单击"确定"按钮，将文字转换为图形元件。

图 10-82

图 10-83

（8）用相同的方法将文字"我""来""说""唱"，分别转换为图形元件"我""来""说""唱"，如图 10-84 所示。

（9）按 Ctrl+A 组合键，将舞台中的所有实例选中，如图 10-85 所示。选择"修改 > 时间轴 > 分散到图层"命令，将所有实例分散到独立的图层，如图 10-86 所示。删除"图层 _1"图层。

图 10-84

图 10-85

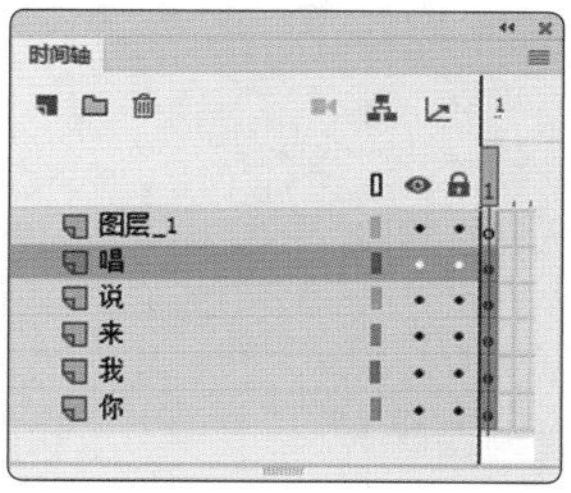

图 10-86

（10）选中所有图层的第 10 帧，如图 10-87 所示，按 F6 键，插入关键帧。用相同的方法选中所有图层的第 20 帧，按 F6 键，插入关键帧，如图 10-88 所示。

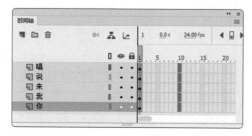

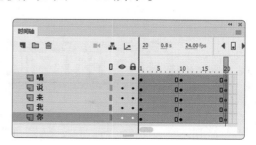

图 10-87

图 10-88

（11）分别在所有图层的第 1 帧上单击鼠标右键，在弹出的快捷菜单中选择"创建传统补间"命令，生成传统补间动画，如图 10-89 所示。分别在所有图层的第 10 帧上单击鼠标右键，在弹出的快捷菜单中选择"创建传统补间"命令，生成传统补间动画，如图 10-90 所示。

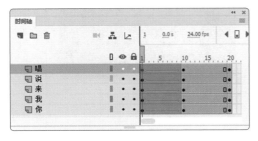

图 10-89

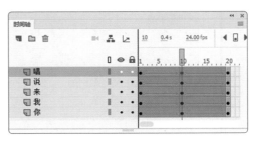

图 10-90

（12）单击"我"图层，选中该图层中的所有帧，将所有帧向后拖曳至与"你"图层隔 5 帧的位置，如图 10-91 所示。用同样的方法依次对其他图层进行操作，如图 10-92 所示。

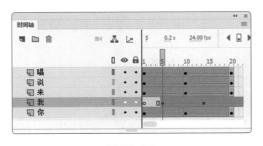

图 10-91

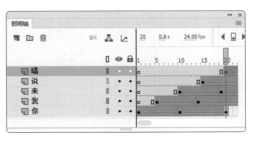

图 10-92

（13）单击舞台左上方的场景名称"场景 1"，进入"场景 1"的舞台。将"图层_1"图层重命名为"唱片"，如图 10-93 所示。将"库"面板中的图形元件"唱片"拖曳到舞台的中心位置，如图 10-94 所示。选中"唱片"图层的第 60 帧，按 F5 键，插入普通帧。

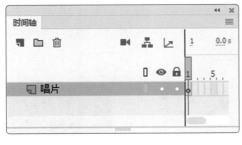

图 10-93

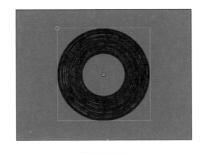

图 10-94

（14）选中"唱片"图层的第 10 帧，按 F6 键，插入关键帧。选中"唱片"图层的第 1 帧，在舞台中选中"唱片"实例，在图形"属性"面板中，选择"色彩效果"选项组，在"样式"下拉列表框中选择"Alpha"选项，将滑块拖曳至 0% 处，如图 10-95 所示，舞台中的效果如图 10-96 所示。

图 10-95　　　　　　　　　　　图 10-96

（15）在"唱片"图层的第 1 帧上单击鼠标右键，在弹出的快捷菜单中选择"创建传统补间"命令，生成传统补间动画。

（16）用上述的方法在"时间轴"面板中创建多个图层，并制作动画效果，"时间轴"面板如图 10-97 所示。

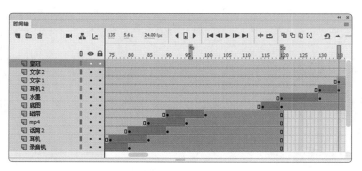

图 10-97

（17）在"时间轴"面板中创建新图层并将其重命名为"动作脚本"。选中"动作脚本"图层的第 200 帧，按 F6 键，插入关键帧。选择"窗口 > 动作"命令，弹出"动作"面板，在其中设置动作脚本，如图 10-98 所示。设置好动作脚本后，关闭"动作"面板。在"动作脚本"图层的第 40 帧上会显示出一个标记"a"，如图 10-99 所示。音乐节目片头制作完成，按 Ctrl+Enter 组合键查看效果，如图 10-100 所示。

图 10-98　　　　　　　　　图 10-99　　　　　　　　　图 10-100